U0302345

NATURKUNDEN

启
蛰

讲述自然的故事

驴

［德］尤塔·佩尔松　著

何　涛　译

北京出版集团
北京出版社

今天我们为什么还需要博物学？

李雪涛

一

在德文中，Naturkunde的一个含义是英文的natural history，是指对动植物、矿物、天体等的研究，也就是所谓的博物学。博物学是18、19世纪的一个概念，是有关自然科学不同知识领域的一个整体表述，它包括对今天我们称之为生物学、矿物学、古生物学、生态学以及部分考古学、地质学与岩石学、天文学、物理学和气象学的研究。这些知识领域的研究人员称为博物学家。1728年英国百科全书的编纂者钱伯斯（Ephraim Chambers, 1680 — 1740）在《百科全书，或艺术与科学通用辞典》（*Cyclopaedia, or an Universal Dictionary of Arts and Sciences*）一书中附有“博物学表”（Tab. Natural History），这在当时是非常典型的博物学内容。尽管从普遍意义上来讲，有关自然的研究早在古代和中世纪就已经存在了，但真正的“博物学”

（Naturkunde）却是在近代出现的，只是从事这方面研究的人仅仅出于兴趣爱好而已，并非将之看作是一种职业。德国文学家歌德（Johann Wolfgang von Goethe, 1749—1832）就曾是一位博物学家，他用经验主义的方法，研究过地质学和植物学。在18—19世纪之前，自然史——博物学的另外一种说法——一词是相对于政治史和教会史而言的，用以表示所有科学研究。传统上，自然史主要以描述性为主，而自然哲学则更具解释性。

近代以来的博物学之所以能作为一个研究领域存在的原因在于，著名思想史学者洛夫乔伊（Arthur Schauffler Oncken Lovejoy, 1873—1962）认为世间存在一个所谓的“众生链”（the Great Chain of Being）：神创造了尽可能多的不同事物，它们形成一个连续的序列，特别是在形态学方面，因此人们可以在所有这些不同的生物之间找到它们之间的联系。柏林自由大学的社会学教授勒佩尼斯（Wolf Lepenies, 1941—　）认为，“博物学并不拥有迎合潮流的发展观念”。德文的“发展”（Entwicklung）一词，是从拉丁文的“evolvere”而来的，它的字面意思是指已经存在的结构的继续发展，或者实现预定的各种可能性，但绝对不是近代达尔文生物进化论意义上的新物种的突然出现。18世纪末到19世纪，在欧洲开始出现自然博物馆，其中最早的是1793年在巴黎建立的国家自然博物馆（Muséum national d'histoire naturelle）；在德国，普鲁士于1810年创建柏林大学之时，也开始筹备“自然博物馆”（Museum für Naturkunde）了；伦敦的自然博物馆（Natural History Museum）建于1860年；维也纳的自然博物馆（Naturhistorisches Museum）建于1865年。这些博物馆除了为大学的研究人员提供当时和历史的标本之外，也开始向一般的公众开放，以增进人们对博物学知识的了解。

德国历史学家科泽勒克（Reinhart Koselleck, 1923—2006）曾在他著名的《历史基本概念——德国政治和社会语言历史辞典》一书中，从德语的学术语境出发，对德文的“历史”（Geschichte）一词进行了历史性的梳理，从中我们可以清楚地看出博物学/自然史与历史之间的关联。从历史的角度来看，文艺复兴以后，西方的学者开始使用分类的方式划分和归纳历史的全部知识领域。他们将历史分为神圣史（historia divina）、文明史（historia civilis）和自然史（historia naturalis）[1]，而所依据的撰述方式是将史学定义为叙事（erzählend）或描写（beschreibend）的艺术。由于受到基督教神学造物主/受造物的二分法的影响，当时具有天主教背景的历史学家习惯将历史分为自然史（包括自然与人的历史）和神圣历史，例如利普修斯（Justus Lipsius, 1547—1606）就将描述性的自然志（historia naturalis）与叙述史（historia narrativa）对立起来，并将后者分为神圣历史（historia sacra）和人的历史（historia humana）。科泽勒克认为，随着大航海时代的开始，西方对海外殖民地的掠夺和新大陆以及新民族的发现使时间开始向过去延展。到了17世纪，人们对过去的认识就已不再局限于《圣经》记载的创世时序了。通过莱布尼茨（Gottfried Wilhelm Leibniz, 1646—1716）和康德（Immanuel Kant, 1724—1804）的努力，自然的时间化（Verzeitlichung）着眼于无限的未来，打开了自然有限的过去，也为人们历史地阐释自然做了铺垫。

1 不论在古代，还是中世纪，拉丁文中的“historia”既包含着中文的“史”，也有“志”的含义，而在“historia naturalis”中主要强调的是对自然的观察和分类。近代以来，特别是18世纪至19世纪，“historia naturalis”成为了德文的“Naturgeschichte”，而“自然志”脱离了史学，从而形成了具有历史特征的“自然史”。

到了18世纪，博物学（Naturkunde）慢慢脱离了史学学科。科泽勒克认为，赫尔德（Johann Gottfried Herder, 1744—1803）最终完成了从自然志向自然史的转变。

二

尽管在中国早在西晋就有张华（232—300）十卷本的《博物志》印行，但其内容所涉及的多是异境奇物、琐闻杂事、神仙方术、地理知识、人物传说等等，更多的是文学方面的“志怪”题材作品。其后出现的北魏时期郦道元（约470—527）著《水经注》、贾思勰著《齐民要术》（成书于533—544年间），北宋时期沈括（1031—1095）著《梦溪笔谈》等，所记述的内容虽然与西方博物学著作有很多近似的地方，但更倾向于文学上的描述，与近代以后传入中国的“博物学”系统知识不同。其实，真正给中国带来了博物学的科学知识，并且在中国民众中起到了科学启蒙和普及作用的是自19世纪后期开始从西文和日文翻译的博物学书籍。

尽管“博物”一词是汉语古典词，但“博物馆”“博物学”等作为“和制汉语”的日本造词却产生于近代，即便是“博物志”一词，其对应上“natural history”也是在近代日本完成的。如果我们检索《日本国语大辞典》的话，就会知道，博物学在当时是动物学、植物学、矿物学以及地质学的总称。据《公议所日志》载，明治二年（1869）开设的科目就有和学、汉学、医学和博物学。而近代以来在中文的语境下最早使用"博物学"一词是1878年傅兰雅《格致汇编》第二册《江南制造总局翻译系书事略》："博物学等书六部，计十四本。"将"natural history"翻译成"博物志""博物学"，是在颜惠庆（W. W. Yen, 1877—1950）于1908年出版的《英华大辞典》中。这部辞典是以当时日本著名的《英和辞典》为蓝本编纂的。据日本关西大学沈国威教授的研究，有关植物学的系统知识，实际上在19世纪中叶已经介绍到中国和使用汉字的日本。沈教授特别研究了《植学启原》（宇田川榕庵著，1834）与《植物学》（韦廉臣、李善兰译，1858）中的植物学用语的形成与交流。也就是说，早在"博物学"在中国、日本被使用之前，有关博物学的专科知识已经开始传播了。

三

这套有关博物学的小丛书系由德国柏林的Matthes & Seitz出版社策划出版的。丛书的内容是传统的博物学，大致相当于今天的动物学、植物学、矿物学，涉及有生命和无生命，对我们来说既熟悉又陌生的自然。这些精美的小册子，以图文并茂的方式，不仅讲述有关动植物的自然知识，并且告诉我们那些曾经对世界充满激情的探索活动。这套丛书中每一本的类型都不尽相同，但都会让读者从中得到可信的知识。其中的插图，既有专门的博物学图像，也有艺术作品（铜版画、油画、照片、文学作品的插图）。不论是动物还是植物，书的内容大致可以分为两个部分：前一部分是对这一动物或植物的文化史描述，后一部分是对分布在世界各地的动植物肖像之描述，可谓是丛书中每一种动植物的文化史百科全书。

这套丛书是由德国学者编纂，用德语撰写，并且在德国出版的，因此其中运用了很多“德国资源”：作者会讲述相关的德国故事［在讲到猪的时候，会介绍德文俗语“Schwein haben”（字面意思是：有猪，引申义是：幸运），它是新年祝福语，通常印在贺年卡上］；在插图中也会选择德国的艺术作品［如在讲述荨麻的时候，采用了文艺复兴时期德国著名艺术家丢勒（Albrecht Dürer, 1471—1528）的木版画］；除了传统的艺术之外，也有德国摄影家哈特菲尔德（John Heartfield, 1891—1968）的作品《来自沼泽的声音：三千多年的持续近亲繁殖证明了我的种族的优越性！》——艺术家运用超现实主义的蟾蜍照片，来讽刺1935年纳粹颁布的《纽伦堡法案》；等等。除了德国文化经典之外，这套丛书的作者们同样也使用了对于欧洲人来讲极为重要的古埃及和古希腊的例子，例如在有关猪的文化史中就选择了古埃及的壁画以及古希腊陶罐上的猪的形象，来阐述在人类历史上，猪的驯化以及与人类的关系。丛书也涉及东亚的艺术史，举例来讲，在《蟾》一书中，作者就提到了日本的葛饰北斋（1760—1849）创作于1800年左右的浮世绘《北斋漫画》，特别指出其中的“河童”（Kappa）也是从蟾蜍演化而来的。

从装帧上来看，丛书每一本的制作都异常精心：从特种纸彩印，到彩线锁边精装，无不透露着出版人之匠心独运。用这样的一种图书文化来展示的博物学知识，可以给读者带来独特而多样的阅读感受。从审美的角度来看，这套书可谓臻于完善，书中的彩印，几乎可以触摸到其中的纹理。中文版的翻译和制作，同样秉持着这样的一种理念，这在翻译图书的制作方面，可谓用心。

四

自20世纪后半叶以来，中国的教育其实比较缺少博物学的内容，这也在一定程度上造成了几代人与人类的环境以及动物之间的疏离。博物学的知识可以增加我们对于环境以及生物多样性的关注。

我们这一代人所处的时代，决定了我们对动植物的认识，以及与它们的关系。其实一直到今天，如果我们翻开最新版的《现代汉语词典》，在“猪”的词条下，还可以看到一种实用主义的表述：“哺乳动物，头大，鼻子和口吻都长，眼睛小，耳朵大，四肢短，身体肥，生长快，适应性强。肉供食用，皮可制革，鬃可制刷子和做其他工业原料。”这是典型的人类中心主义的认知方式。这套丛书的出版，可以修正我们这一代人的动物观，从而让我们看到猪后，不再只是想到“猪的全身都是宝”了。

以前我在做国际汉学研究的时候，知道国际汉学研究者，特别是那些欧美汉学家们，他们是作为我们的他者而存在的，因此他们对中国文化的看法就显得格外重要。而动物是我们人类共同的他者，研究人类文化史上的动物观，这不仅仅对某一个民族，而是对全人类都十分重要的。其实人和动植物之间有着更为复杂的关系。从文化史的角度，对动植物进行描述，这就好像是在人和自然之间建起了一座桥梁。

拿动物来讲，它们不仅仅具有与人一样的生物性，同时也是人的一面镜子。动物寓言其实是一种特别重要的具有启示性的文学体裁，常常具有深刻的哲学内涵。古典时期有《伊索寓言》，近代以来比较著名的作品有《拉封丹寓言》《莱辛寓言》《克雷洛夫寓言》等等。法国哲学家马吉欧里（Robert Maggiori, 1947— ）在他的《哲学家与动物》（*Un animal, un philosophe*）一书中指出："在开始'思考动物'之前，我们其实就和动物（也许除了最具野性的那几种动物之外）有着简单、共同的相处经验，并与它们架构了许许多多不同的关系，从猎食关系到最亲密的伙伴关系。…… 哲学家只有在他们就动物所发的言论中，才能显现出其动机的'纯粹'。"他进而认为，对于动物行为的研究，可以帮助人类"看到隐藏在人类行径之下以及在他们灵魂深处的一切"。马吉欧里在这本书中，还选取了"庄子的蝴蝶"一则，来说明欧洲以外的哲学家与动物的故事。

五

很遗憾的是，这套丛书的作者，大都对东亚，特别是中国有关动植物丰富的历史了解甚少。其实，中国古代文献包含了极其丰富的有关动植物的内容，对此在德语世界也有很多的介绍和研究。19世纪就有德国人对中国博物学知识怀有好奇心，比如，汉学家普拉斯（Johann Heinrich Plath, 1802—1874）在1869年发表的皇家巴伐利亚科学院论文中，就曾系统地研究了古代中国人的活动，论文的前半部分内容都是关于中国的农业、畜牧业、狩猎和渔业。1935年《通报》上发表了劳费尔（Berthold Laufer, 1874—1934）有关黑麦的遗著，这种作物在中国并不常见。有关古代中国的家畜研究，何可思（Eduard Erkes, 1891—1958）写有一系列的专题论文，涉及马、鸟、犬、猪、蜂。这些论文所依据的材料主要是先秦的经典，同时又补充以考古发现以及后世的民俗材料，从中考察了动物在祭礼和神话中的用途。著名汉学家霍福民（Alfred Hoffmann, 1911—1997）曾编写过一部《中国鸟名词汇表》，对中国古籍中所记载的各种鸟类名称做了科学的分类和翻译。有关中国矿藏的研究，劳费尔的英文名著《钻石》（*Diamond*）依然是这方面最重要的专著。这部著作出版于1915年，此后门琴–黑尔芬（Otto John Maenchen-Helfen, 1894 — 1969）对有关钻石的情况做了补充，他认为也许在《淮南子》第二章中就已经暗示中国人知道了钻石。

此外，如果具备中国文化史的知识，可以对很多话题进行更加深入的研究。例如中文里所说的“飞蛾扑火”，在德文中用“Schmetterling”更合适，这既是蝴蝶又是飞蛾，同时象征着灵魂。由于贪恋光明，飞蛾以此焚身，而得到转生。这是歌德的《天福的向往》（*Selige Sehnsucht*）一诗的中心内容。

前一段时间，中国国家博物馆希望收藏德国生物学家和鸟类学家卫格德（Max Hugo Weigold，1886 — 1973）教授的藏品，他们向我征求意见，我给予了积极的反馈。早在1909年，卫格德就成为了德国鸟类学家协会（Deutsche Ornithologen-Gesellschaft）的会员，他被认为是德国自然保护的先驱之一，正是他将自然保护的思想带给了普通的民众。作为动物学家，卫格德单独命名了5个鸟类亚种，与他人合作命名了7个鸟类亚种。另有大约6种鸟类和7种脊椎动物以他的名字命名，举例来讲：分布在吉林市松花江的隆脊异足猛水蚤的拉丁文名字为*Canthocamptus weigoldi*；分布在四川洪雅瓦屋山的魏氏齿蟾的拉丁文名称为*Oreolalax weigoldi*；分布于甘肃、四川等地的褐顶雀鹛四川亚种的拉丁文名为*Schoeniparus brunnea weigoldi*。这些都是卫格德首次发现的，也是中国对世界物种多样性的贡献，在他的日记中有详细的发现过程的记录，弥足珍贵。卫格德1913年来中国进行探险旅行，1914年在映秀（Wassuland，毗邻现卧龙自然保护区）的猎户那里购得“竹熊”（Bambusbären）的皮，成为第一个在中国看到大熊猫的西方博物学家。卫格德记录了购买大熊猫皮的经过，以及饲养熊猫幼崽失败的过程，上述内容均附有极为珍贵的照片资料。

东亚地区对丰富博物学的内容方面有巨大的贡献。我期待中国的博物学家，能够将东西方博物学的知识融会贯通，写出真正的全球博物学著作。

2021年5月16日

于北京外国语大学全球史研究院

目 录

肖像

驴在听你说话

驴的两只耳朵自然天成地神奇。它们既可以转动又可以摆动，活动半径之大，不容小觑。两只耳朵具有各自转动的本领，传递多种信息，堪称一绝。驴不仅能尖着长长的耳朵细听周围朋友和敌人的声音，还能用它们来传达自己的情绪：耷拉着耳朵或者摆弄耳朵，竖立起来，转动，或者各自绕圈。似乎有某种类似于螺旋桨、类似于机器似的东西附着其上，使耳朵得以自行其是，并使驴身也可能瞬间离地飞升似的。谚语“相信飞起来的驴”（asino volante）在意大利语里意为相信所有的道听途说，那里的轻信者们至少还在追着一个未知的飞行物体，而在德语里，这个谚语意为彻头彻尾的谎言。

驴耳朵不对称这一点尤其引人注目。如果是一头单独的驴，它就会把两只耳朵倾斜着，一只向前，一只向后；或者一只向上，一只向下；右耳朵与左耳朵看上去不一致，习惯对称的人就会感觉失去了平衡。对称被视为美好，不对称往最好里说也是古怪。此外还有长度，因为如同所有引人注目的构形一样，有些出格的器官令人生疑，长耳朵也更多地被看作多疑而非有益。也正因为如此，几百年来丑角戴的滑稽帽都用驴耳朵来装饰。在动物和人类世界长耳朵是个问题。有良好听觉的长耳朵突变成愚蠢和胆小的象征；人们想象中的进攻者不是这样的，无论如何不会是长着长长煽风耳的物种。

画家及自然哲学家卡尔·古斯塔夫·卡鲁斯（Carl Gustav Carus）认为，大耳朵标志着智力低下，从兔子到驴再到大耳蝙蝠都是大耳朵。魏玛共和国时事和文化评论家特奥多尔·莱辛（Theodor Lessing）就因为家兔耳朵长，硬说它"蠢得绚丽"。弗里德里希·尼采（Friedrich Nietzsche）就是长耳朵蔑视者中的要人之一，他十分看重自己的小耳，并称自己为一名"反兔者"。看来，长耳朵处境维艰。也有可能正是因为驴的双耳距离黄金中央太远才与人格格不入。

当然，驴不仅因为其长耳被归于不甚美观和聪明的动物，它喜好站立、懒惰和不好斗都被人解释成负面特征。与此同时，古典时期的驴保持着一个彻彻底底的正面形象，这使此事显得错综复杂起来。那时的驴一直也被视为强壮和阳刚的动物，希腊神话里的神西伦（Silene），人和动物的混合体，便常常具有驴的四肢；古希腊讽刺作家卢西安（Lucian）

毛色杂白的驴子，背景为多云的天空。选自布丰先生的《四腿动物的博物学》，1781年柏林版

驴故事里的主角鲁奇奥斯（Lukios）以驴子之身跟一位高贵的夫人同床共枕，人身时夫人却让他站着："我当时确实不爱你，而是爱你的驴。"在罗马作家阿普列乌斯（Apuleius）的《金驴记》中那个变了形的主角有着类似的经历：他受到自己富有并嗜好动物的恩人的倾慕。

似乎每一种有关驴的老套都变成出奇对立的版本。基督教里对驴的色情天赋浓墨重彩，让它将圣子背在自己身上，变成一只恭顺的动物。在这个受罪的物种身上古典时期的传奇隐蔽地延续下来。更有甚者，一头保持站立的倔驴同时还要是个温顺的忍受者。然而至少在某些时期这个据称愚笨的动物也被当作学者赞美过，对驴的颂扬，寓言和图画里戴着眼镜的驴学究，这肯定不全是出于讽刺和嘲笑。甚至长久的忍受者最后也会抗拒他的压迫者，就像不来梅城市音乐家中穷困的驴子穆勒（Mülleresel）一样，它摆脱奴役时说出一句非常现代的话：比死亡好一点的生活随处可寻。所有这些反转也许跟下列事实有关，即驴与人已经在一起共同生活数千年之久，并且，如同每一种长期的主仆关系一样，最后谁也不待见谁，可是谁又不再离得了谁。可能正是因为如此，驴成了最多义的那类动物。

人驴关系存在了五六千年或七千年，某些马科动物研究者估计人驯养驴的时间还更久。家驴是非洲野驴的后代，野驴今天也还生活在非洲东北部。当然，围绕驴的驯养，开端和过程一直都有争议。在估计成为家畜的时间上驴虽然晚于狗、山羊、绵羊、猪和牛，但还是早于马、骆驼和单峰骆驼。最早的驯养驴的明证大约是5000年前的，例如在所谓的利比亚人石片上，可以辨识出家驴的图形来，它们夹在一列牛和绵羊的队伍中行走。利比亚人石片出自希拉康波利斯（Hierakonpolis）城邦，用一种上埃及的页岩石打磨而成。在各种各样埃及墓地里人们发现驯养动物中有驴骨，它们被埋葬在主人的近旁。前几年才在上埃及的阿拜多斯（Abydos）一座法老墓内发现了10头驴的骨骼，人们确定它们在约5000年前被埋葬。一个由考古学家、埃及学研究者、数学家和兽医学家组成的研究团队证实，被葬的驴为驯养的驮物动物，通过骨头分析出它们与古代非洲野驴和家驴同族。

目，科，属，种、亚种：在动物分类学里驴的测定显得有序和确证，即便事实上几个种和亚种的归列还悬而未决。驴家族的谱系是这样的：驴属于奇蹄目动物，在奇蹄目以内它属于马科，数百万年前曾成员众多的马科如今仅留存下马属，马、驴和斑马等物种被列入此属。非洲野驴（*Equus africanus*）和亚洲野驴（*Equus hemionus*）是马属的两个种，它们各有其亚种。亚洲野驴有印度亚种、土库曼亚种、蒙古亚种、波斯亚种以及已经绝迹的叙利亚亚种。西藏野驴曾长期被列入亚洲野驴，现在它被看作独立的一个种群。非洲野驴包括已消亡的阿特拉斯野驴、索马里野驴和努比亚野驴。不过对努比亚野驴现今是否已绝种的问题，研究者们的意见并不一致。

今天的家驴起源于非洲野驴，这一点表现在家驴的许多行为方式上，无论是纯种家驴还是普通的、没有经过某种选择标准繁殖出来的家驴都一样。跟狗的情况一样，驴也有那种几百年历史的、饲养员严格监管的驴种，像普瓦图驴或加泰罗尼亚巨驴，同时也有一般的家驴，它们虽没有饲养档案册，在不少欧洲国家却已经有了驴护照。

在所有家驴的行为上可以发现，它们的非洲祖先很好地适应了干旱、山区和卵石丛生的沙漠边缘地区，今天的非洲野驴也还生活在那一带。马在紧张和危险的情况下会逃跑，而家驴跟野驴一样，在可疑的情况下仍径直呆立着，就算拽它，用棍棒打它也无济于事。在地面多卵石的东北非驴起源的地区，一头驴要逃跑的话注定会折断双腿，这倒是对主人有利。顺便提一下，家驴不会像家马那样溜走，而且在危急情况下也保持不动，并不意味着它们只得沦为攻击者的牺牲品。古典时期以及后来的文艺复兴时期里，有关动物的记载中就已经有驴蹄踢嘴咬并用，把熊和狼逼逃的报道。

尽管如此，人们还是把驴立着不动解释成顽固和愚蠢。除了长耳朵外，大概就是这种进化所决定的行为模式给驴带来了执拗、愚蠢和顽固的名声。

驴作为有用动物的终结，至少在西方世界，开始于农业的工业化。在非洲和亚洲，也同时在东南欧，它仍然被迫投入使用。没驴的话，厄立特里亚、埃及或喜马拉雅山上的乡下居民就必须自己远距离地运输货物。在近几千年里那里的驴驮物、拉车、被骑、耕田、守护羊群。而在西方工业国家里驴跟马类似，成为休闲娱乐的动物。骑驴旅行的服务不仅在塞文山脉有提供，在乌克马克（Uckermark）也有。驴养在柏林克罗伊茨贝格街区（Berlin-Kreuzberg）的儿童农庄里，被当作心理治疗的工具性动物使用，或者提供驴奶。在意大利北部帕尔马附近的艾米利亚·罗马涅有一家产奶的驴农场，提供护理身体的产品和奶粉。

不过，大多数西欧人说到驴可能首先会想到他们在希腊或西班牙的度假。也许少数几位，比如作者赫尔穆特·霍格（Helmut Höge），在20世纪六七十年代跟驴有过比较深入的接触。1977年霍格骑着他的马数月之久穿行德国和意大利，这次远足的最后一段还有头驴也随行。“从与马，后来也与驴同行之中我得出结论，马驴相比我更难与马融为一体，驴的好奇我比较容易理解，此外它不太容易陷入惊恐”，霍格在回顾其漫游历程的日记里写道。

自从驴在日常农业中消失，集体心理中出现的驴大概便更多的是在文学中显现——从莎士比亚《仲夏夜之梦》里有着驴首的策特尔（Zettel）到塞万提斯笔下堂吉诃德骑驴的随从桑丘·潘沙。当然还有所有那些儿童读物、儿童影片、西部片和卡尔·迈（Karl May）作品中介于无拘无束的可爱与可笑之间的驴们。黑白图片畅销书《我的驴子本亚明》（*Mein Esel Benjamin*）可能影响了20世纪70年代出生的小读者们，也包括我，对驴子特性的认知。4岁左右的小姑娘和她穿着20世纪60年代式样整洁衣服的父母在希腊一座岛上做客，小姑娘跟小驴驹本亚明四处游走。找不出任何多年离群索居的旁证，但小姑娘看起来就像是个未来的嬉皮

隐蔽的嬉皮士：汉斯·利默（Hans Limmer）和伦纳特·奥斯贝克（Lennart Osbeck）1968年所著黑白图片经典读物《我的驴子本亚明》中小姑娘跟小驴驹沿着希腊海滩游走

士，她跟小驴驹不仅在院内庭园的石头地面上玩耍，还一起出发。

此外还有些不太一样的驴的形象。在20世纪70年代信奉天主教的西南方，驴一再地作为耶稣骑乘的牲口出现在教堂里、宗教教科书里以及老年亲戚家挂在客厅里的大幅油画中。画上的耶稣留着长发，穿着简便的鞋子，散发出一种更像是自然流露出来的爱与和平的光芒。驴显得像嬉皮士，招我喜爱。它们有种不张不扬的“我宁可不要做嬉皮士”的做派，说来奇怪，好像几乎没人注意到这一点。抒情诗人扬·瓦格纳（Jan Wagner）曾描写过驴“那始终不渝的V形双耳”，这有可能在昭示“胜利，胜利，胜利”。由此，也许很好地把握住了驴得体地反抗和奇怪的才能。

再说说驴耳朵。有对称强迫症的人会责备用折驴耳朵[1]做书页标记的人，就好像书页上的一个折痕造成对书页的一种亵渎。折驴耳朵和书页的关联就像文字与书卷或者活字印刷术与排字工人的注释一样紧密。就字母拼写这个层面来看，驴这个词，要是让印刷字母动起来，颠倒过来排就成了“选集”一词[2]。

1 指折书。——译者注

2 驴的德文 Esel 颠倒过来拼是 Lese，意为“选集”。——译者注

谁毁损了它？

——驴的性格学

奇怪，驴作为骂人的话今天已经不再时髦了。“您这蠢驴！”听起来像《火钳酒》（*Feuerzangen- bowle*）[1]的年代，像黑白电影和侮辱兴致有所克制后骂出的。可以想象成是一位打着领带、戴着夹鼻眼镜、恼羞成怒的参议教师[2]训诫一名高年级学生时说出的话。或者也可以是像汉斯·阿尔贝斯（Hans Albers）那样，骑驴背上唱驴之歌：“无论你是头小驴还是头大驴都无所谓。”“二战”晚期到战后早期一大段时间里驴是个合适的，也就是说是一个适度的骂人的词（《火钳酒》1944年拍成，《驴之歌》是1958年的歌）。其他可选择来骂人的词里白痴过于狠，笨蛋太不痛不痒，法西斯又还不时兴。大概那时“驴！”是小人物极好的侮辱用词，情况始终没变，“因为大动物跟小动物拉同样的屎”，阿尔贝斯接着唱

1 汉斯·赖曼（Hans Reimann）和海因里希·施珀尔（Heinrich Spoerl）1933年发表的长篇小说，并于1944年拍成同名电影。——译者注

2 高级中学固定教师的职称。——译者注

道。战后也还是要求人们温顺地忍受，人们只能想象在宏大的结局中才有拯救人类的公平："如果生活捉弄你，没关系，我们大家全都一样的那一天会到来的。" 20世纪60年代的某个时候驴注定不再属于骂人的常用词汇，怒气更大、更肆无忌惮的侮辱性词语进入了日常语汇。

动物名称中"鹅/蠢女人"和"公牛/傻瓜"显得一样的过时，"臭虫/令人厌恶的人"或者"蝗虫"不过是由于政治原因得以留用。很有可能也是由于动物伦理学家和动物法学家帮助动物提高了地位，动物不再像往日那般适宜于用来侮辱人了。人与动物之间界限的模糊不仅导致新的伦理困境，也使动物，至少按照许多动物伦理学家的意愿来看，不再被当作一种低于人类的生物看待。类似"神圣的人类，与猪类似的人类，人啊"[1]这样的表达震惊诗句今天不会再出现了，可这并不是因为人的形象明显改善，而是由于猪的形象变得更正面。

如果驴今天仍偶尔被描述成笨拙、固执或顽固之物，

---

1 诗句出自戈特弗里德·贝恩（Gottfried Benn, 1886—1956），德国著名表现主义诗人和作家。达尔文的进化论不仅使他同时代的人，也使属于随后一代人的诗句作者震惊不已，其诗表达出对人的唯心主义观坍塌的一种痛苦的醒悟。

其实是由于人们心里装着一个陈腐的警示牌："驴被视为愚蠢、固执等等"是唯一有可能政治正确的表述。而过去40年里固执己见和顽固的生物都已经得以升值。最晚自批判权威的20世纪60年代以来，另一种陈腐，固执思想家的陈腐，促成了价值部分的重估。驴，至少在固执己见以及顽固的生物这一点上，失去了一些侮辱的能量。然而驴所谓的愚蠢这个重大缺陷却保留了下来。谁要是愚蠢或者"被认为愚蠢"，势必长期背负这种损坏的名声。可是智商低下这种标签怎么就贴在了驴身上呢？人们跟驴，完全真实的、草地上的驴和自然研究者、相面术者、文学家和艺术家视域里的驴，打交道的时间越长，陈腐的愚蠢标签真的就越令人困惑。既然这与事实明显不符，那为什么它还能够存在那么长的时间呢？借用汉堡一个顽固的乐队的话，我们想问问，愚蠢的说法究竟始于何时，发生了什么。是什么事情使驴受到如此损毁，仅仅用前面提到过的生物性决定的保持站立的机制，自然是不能解释的。其实，把愚蠢安在驴头上这事历史相当悠久，它引人追溯形成这种套路数百年乃至数千年之久形成固定模式的过程。

驴有着一个具有性格特征的面容。在西方相面术起始阶段的文本里就已经把驴的耳朵、眼睛、上下唇、额头、鼻孔和整个颅骨形状跟驴的特性联系了起来，后来又套用到人身上。人们预感，在个别地方或者全部地方跟驴长得相像的人不顺利。从古典时期以来，相面术就是门极富影响力的人体形态学，借助相面术人们想由外表推断出内在来。古典时期以来在一定程度上作为外在的形象提供体的动物，在解释人的这个体系中发挥了重要的作用。眼睛、鼻子、嘴、额头或耳朵的样子和特征跟一系列的特性联系了起来，人们寄希望于透过身体能够窥见灵魂。

虽然相面术从一开始也受到一批著名人士——从苏格拉底、狄德罗、利希滕贝格到黑格尔——的批评和蔑视，在19世纪它进入了种族学说、犯罪人类学、精神病学和优生学。相面术的基本思想本身后来被视为伪科学，可是它的通过身体推断出灵魂的方法却获得了承认，这对被考察的对象不利。

公元前300年的、误认为是亚里士多德所著的《相面术》（*Physiognomonica*）属于西方第一批相面术著述。这本确定类型的目录手册到19世纪被当作了亚里士多德的著述，后来被归为亚里士多德几位弟子所写。有两篇论文解释相面术的方法和它的适用性。首先列出了20多种类型的人，例如勇敢的、胆怯的、开朗的、悲伤的，以及他们各自的特征。其中的许多类型，比如迟钝的、抑郁的、狂热的或者沮丧的，都明显偏离于身体和精神的理想标准。后来，这份特征和“固定的”身体部位的目录又有所扩展，因为那本误认为是亚里士多德所著的带图画的著作把声音、目光、肤色、动作和体态也包括在内。

那本古典时期确定类型的目录手册被证实是西方动物与人相对比的肇始之作。狮子、豹子、野猪、各种鸟儿、鹿、兔、绵羊、狐狸、猴、狗、牛、青蛙、公牛[1]、马、山羊，当然还有驴，提供了可见的、在人身上再现的各类人等，勇敢、胆怯、狂热、沮丧、厚颜无耻、崇高、迟钝、贪婪、抑郁或者腼腆本性之人的身体形状。驴在《相面术》里不得不充当了呆头呆脑、愚蠢和懒散之物。眼睛像驴那样突出来的人，被归入愚蠢之列；有驴那种大奔额头的被视为迟钝之人。几个世纪里一再拿厚嘴唇说事：尤其是如果上嘴

1 原文中前后两次出现的“牛”均指公牛，但后面的公牛一词含有未被骟过之意，故分别译作牛和公牛来加以区别。——译者注

相面术家想通过头部的形状看出驴的智力来。吉安巴蒂斯塔·德拉·波尔塔（Giambattista della Porta）1586 年所著《论人相》（*De humana physiognomonia*）一书中的驴人对比图

唇或下嘴唇突出 ——这跟驴联系了起来，被看作是愚蠢的标志；长耳朵干脆就归入“蠢驴类”名下，就好像完全不再有必要进一步解释。《相面术》对随后的相面术家的影响一直延续到近代。这本书1527年在佛罗伦萨重新出版，之后有了许多版本。近代最著名的人的识别知识是吉安巴蒂斯塔·德拉·波尔塔（Giambattista della Porta）1586年所著的《论人相》（*De humana physiognomonia*），同样也是缺不了驴。这位那不勒斯的大夫和知识广博的学者500多页的作品

以古典的《相面术》为指南，出版了若干个版本和译本。德文版的《论人相》（*Menschliche Physiognomy*）非常通俗。在吉安巴蒂斯塔·德拉·波尔塔的书里，人与动物的比较也是一个重要的部分，他的书配了一套木版画插图，在各个章节里一再反复地出现各种与狮子、公牛、绵羊、山雕、野猪和驴子相像的人头。

只要是讲到愚蠢、无知和迟钝的人，就会出现人驴对比的木版画插图。德拉·波尔塔援引亚里士多德的话写道，大耳朵的人像驴，有着蠢驴的智力。其他古典时期的权威人士也证实了这种结论。有着驴状的“奔凸”额头跟有着驴状的厚唇一样不利。不过，最有趣、医学构思最精心之处是关于眼睛又大又凸那段。相面术家解释道，几乎没有一种动物的眼睛像驴那样突出于身体。他引用老普林尼（Plinius des Älteren）的一种医学解释：“眼睛越外凸于头前，与大脑的分隔越大”，所以参与大脑的活动也就越少。

大概可以把这本书称作身体各部分一览表。从头发、眉毛、太阳穴、耳朵、嘴、牙齿、舌头、脖子和喉咙一路慢慢往下，到肩胛骨、后背、肋骨、胸部，再到肚脐、“两瓣屁股”、髋、膝盖、小腿肚、脚和脚趾，从头到脚的身体各部位布满了人的象征。固定的象征被运用到某些基本性格上。有虔诚、不敬神、机敏、气馁、怯懦、大度、傻里傻气、厚颜无耻、害羞、悲伤、可爱或者伪善，一个奇妙的人类性格的陈列。人们自然会问，情绪的变动或者性格的组合（不敬神和悲伤？傻里傻气和可爱？）怎么归类呢？可能正是这种怀疑——即透过呆板僵硬的象征能够洞悉内在始终只是说说而已，却从未能够定义清楚地做到这一点——决定了几个世纪之后古老并让人感觉千篇一律的相面术消亡。但在文艺复兴时期，传统的身体标志看察术起先兴旺了一阵，还没人像后来那样责备它呆板僵硬。

一个世纪之后，法国的宫廷画家勒布朗（Charles Le Brun，1619—1690）仔细研究、提炼了吉安巴蒂斯塔·德拉·波尔塔书中动物与人的对比，并间接地推动了它进入当代。他后来画的同样精细的动物与人的头像素描比1586年的《论人相》中的木版画要细腻得多，层次也丰富得多。这些17世纪60年代后期所画动物和人的头像给人一种异乎寻常的、几近梦魇般的印象。猫型、山雕型、牛型、羊型和驴型头像看起来都让人生畏，令人敬而远之。即便是那些属于无危险、温和型阵营里的动物也如此。

这位太阳王[1]的首席画家主要因为凡尔赛宫殿里的历史绘画和内饰而出名，同时他的《关于激情的论述》（*Abhandlung über die Leidenschaften*）被未来的艺术家们视为艺术表现的教科书。尤其是勒布朗开设过一门“相面术讲座”，上述动物与人的肖像也属于讲座内容（它们很久以后才在一本更全的作品选集中出版）。他的相貌学受几何学影响，驴、公牛、猫、猪、狮子和猴，6种动物的头被纳入一个等腰三角形中，被线条网格所围，由此推导出动物的性格特征来。在这个三角中外眼角和内眼角之间，鼻子、鼻孔、嘴角或者耳朵之间穿行的直线相交叉。根据直线的走向，例如眼睛上方延伸到额头的一条直线是上扬、下垂还是保持水平走向，分别象征机敏、温顺或者恶毒。从直线的倾斜角度上看出各自才智、力量和勇敢的程度。

驴的处境基本不利。某些情况至少它不是个例，因为食草动物在勒布朗这里整体都不太走运。主要肖像本身使人产生温和的食草类动物始终有些呆傻的印象，无论面孔像食草类动物的人还是食草类动物本身。驴脸型人在几何图解中

1 指法国波旁王朝国王路易十四（Louis XIV，1638—1715）。——译者注

由于不利的大鼻子、厚嘴唇、谨小慎微的眼神和少见的长长的斯波克[1]式耳朵而分外显眼。在制作的插图里驴由于嘴唇不同显现出三种变体，都是上嘴唇突出于下嘴唇。所有3种驴脸型人都显得谦卑愚笨。勒布朗的人头由于与动物相似而接近漫画，特别是那些更多地体现出消极特征的人头就更是如此。睁着大大的、惊恐的眼睛的小猫显得滑稽可笑，差不多就是漫画式的；山雕脸型的人似乎只因为长着个鹰钩鼻子；野猪脸型的人长着纯粹猥亵的翘猪嘴唇。总而言之，人的头像是一部恶魔动物全书的组成部分，其中任何突出的特征都几乎仅仅意味着缺陷。

最终只有狮子型人形象良好。他统治者的气质写在脸上，仁慈，同时又具危险性，俯视手下之人。在勒布朗眼里的动物驴也正因为从下往上地仰视，无论侧面还是正面，都显得奴性和顺从。驴型人也总是具有那种胆怯和屈从的目光。与德拉·波尔塔相似，驴耳朵不是直直地冲上，而是软塌塌地向下耷拉。从勒布朗精细的画上可以清晰地看出，他遵循了老的相面术手册。

---

1 斯波克（Spock）是美国派拉蒙影业公司制作的科幻系列《星际迷航》（*Star Trek*）中的一个角色，长着长长的耳朵。——译者注

谈到驴时，伟大的相面术家拉瓦特尔[1]同样以德拉·波尔塔为准绳。他1775年到1778年期间出版的四卷本《相面术断简残编》（*Physiognomische Fragmente*）中并没有为驴单独列出一编，而对另外一些动物，例如狮子、公牛、山羊、蛇、猴子、马、骆驼或者大象则详详细细地做了评价。但在“人与动物”这一编中加入了“根据B.波尔塔而作”的6张版画，其中也有驴和所对应的人。拉瓦特尔责备这些头像“实在太不像！”，他评论说自然中的驴的额头要圆得多，人脸不会长得像1586年版的驴脸型男人那样，最后还说“耳朵既不像驴耳也不像人耳”。尽管如此，有关驴的陈腐说法还是随着拉瓦特尔进入了现代相面术。后来的相面术家们也认为长耳朵不是件好事，驴脸型人继续名声糟糕。

在相面术领域拉瓦特尔最著名的继承人是身为自然研究者、医生、画家和哲学家的古斯塔夫·卡鲁斯（Gustav Carus，1789—1869）。作为科学家的卡鲁斯尽管与拉瓦特尔相比有所保留，但他接受了拉瓦特尔身体形状与灵魂相关联的基本思想。他1853年《人类外表的象征意义》一书有

1 拉瓦特尔（Johann Kaspar Lavater，1741—1801），瑞士作家、爱国者、新教牧师和相面术创立者。——译者注

魔力三角：查尔斯·勒布朗（1619—1690）创立了一种几何体系，在此体系里每一种倾斜角在相面术的意义上都具有某种含义。1806 年他的 37 页插图的人与动物对比出版

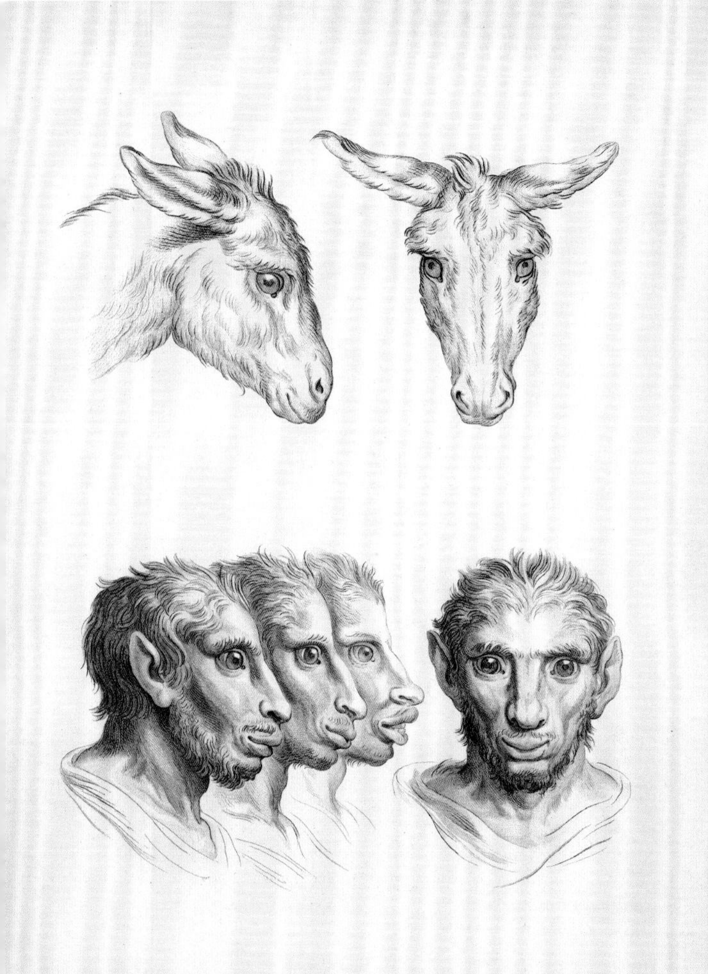

个简短的副标题——知人之明手册，而拉瓦特尔的巨著全名叫《致力于提升知人之明与博爱的相面术断简残编》（*Physiognomische Fragmente zur Beförderung der Menschenkenntniss und Menschenliebe*）。在卡鲁斯这里博爱被删除，这完全符合19世纪人们对科学测定兴趣的提高和开始认识到身体形象与行为形式之间的背离。他的手册含有给教师、医生和法官的相面术建议，这些建议对于被鉴定人而言几乎始终都是不利的。

为了说明与人类理想形象之间的偏差，卡鲁斯也利用了动物相面术。例如在描述人耳时他拿动物做比较。大耳朵的动物胆怯，“较容易成为更强壮者的猎物，因此便缺乏精神发育、力量和独立行动能力的首要条件”。按卡鲁斯的思路，人有着像“野兔、家兔、驴和有耳朵蝙蝠那样的”大耳朵可“不是什么好含义”，他在讲动物时用了这种表述。大耳朵长耳朵总是直接落入才智低下的圈套里。

1881年索弗斯·沙克（Sophus Schack）的《相面术研究》（*Physiognomischen Studien*）也是对老的动物相面术的一个补充。这位丹麦的画家、军官和相面术爱好者更喜欢在监狱里寻找人与动物的相似之处。他在那儿也发现了一名囚犯，因为“驴式的、倔强的，常常完全难以驾驭的顽固”而引人注目。沙克给那位因试图强奸而被判刑，并被列为对公众具有危险性的男人作了一幅“冷静、沉默、固执地沉思”的画。他坚持认为，自己可从未遇到过一位彻彻底底驴式的人。驴身上始终“糅固执、耐性和听天由命为一体”，而这种特性组合是驴所独有的。

当然，贬损驴和所有长着驴型脸的并不单单是相面术家们。在基督教里、在自然研究者们那里、在哲学里，有关驴的陈腐说辞比比皆是，而思想解放的驴颂歌却很少有人唱。面对敌视驴的历史，同情驴的人时常见到人们今天对驴更加友好。施瓦本汝拉山就愿为驴效劳，那儿隐藏着一片驴区，驴子免除了任何负担和恶名。

正走向规范的养驴业

——晨访60头施瓦本驴

马上就可以给驴喂新鲜的水，拍打它们的肩膀跟它们打招呼了！当我们驶上第一片牧场时，一群耳朵注意到我们的出现，齐刷刷地竖立起来。那辆挂着罗伊特林根车牌的老高尔夫——装满牧场桩子和工具的驴区通勤车，先往右拐，开向第二片牧场。动物们自然清楚地看到了汽车，发出短促的尖叫抗议。说也奇怪，没有一个合适的拟声动词是用来形容驴叫的。马嘶叫，羊咩咩，牛哞哞。咿——啊？这所谓的“咿——啊”张嘴时较低沉，然后尖声上去打住。用一个单独的动词来形容似乎要求太高。安德烈亚斯·韦茨说今天先放牧公驴群，大约60头驴的牧群在符廷根（Würtingen）地区圣约翰（St.Johann）附近的山谷吃草。第二牧场上的公驴群里有4头小公驴和一头成年公驴。所有的驴相互紧挨倚着一棵树，在树干上轻轻地蹭着皮毛，好一幅安宁的景象。必须把公驴跟母驴隔得足够远，否则它们会变得好斗，这位行家解释道。他主业在一家家具厂工作，清晨、晚上和周末

布雷姆声称，“北方的驴已降格成了真正的残废”。一张 1835 年插图上的这头简朴的家驴看起来却健健康康

他和他的帮手一起照管牧群。

我们位于施瓦本汝拉山生态圈地区的中心，符廷根地区，距离蒂宾根14公里，罗伊特林根12公里，埃宁根（Eningen）5公里，圣约翰2公里的一个干净整洁的村子里，村里坐落着木框架房屋，有一家美名为“鹿”的乡村宾馆和一只小猫，夜里10点，当所有的灯光熄灭，它还营造出一点气氛。其实，圣约翰是牧马地区，世界知名的马尔巴赫养马场（不是内卡河畔的马尔巴赫市，而是罗伊特林根地区的小马尔巴赫）的一家分公司便坐落于此地，而且巴登—符腾堡州“马技能中心”就在周边开设课程。并没有“驴技能中心”，这当然跟此地没有如法国和西班牙一样的几百年的养驴传统有关。尽管如此，这仍然是一片养驴区，我们面前就是一个非正式的驴技能中心。一片正走向规范的养驴区域，因为人们今天在田野里很少能一下子看见如此多的驴，它显得不同一般。

无法十分确切地估计出牧群有多大，因为现在春季新出生的幼驴增添进来，10个月以上的驴驹又不断被售出。韦茨总共租赁了20公顷的草地，驴群待的4片草场每天会向前平移一块。驴专家解释说，“这也因为驴不把粪便排泄到它们吃草的地方”。驴是极好的饲料利用者，一片对一匹马来说稀薄的草地最终还能喂饱一头驴。毫无疑问，驴要是待在圈养区里被游客喂食，会长得肥肥的。在位置偏僻的辛恩山（Hirnberg）这不常发生。

安德烈亚斯·韦茨已经养了15年的驴，几头羊驼走过来，它们迈着特别的、波浪起伏般的步子在一片自己的草地上蹦蹦跳跳。从巴登—符腾堡、巴伐利亚和黑森州过来的未来的驴主人，在他这里选购动物。他向每一位主顾解释，驴都需要些什么，要怎么样保护好驴蹄，夏天和冬天怎么样安排它们的住处，驴不是儿童玩具，它们会老去，千万别单只独头地养驴。可是，谁买驴？养驴的都是些什么类型的人？基本上是个人主义者吗？他们跟他们的动物相像吗？韦茨可不愿意对这些提问做出些不可靠的推测。

那他本人是怎么想到养驴的呢？一开始他养了几头绵羊，可很快它们就让他觉得无聊。他说还在孩提时代他就遛过祖父的牛。自己养绵羊的时候后来添了一头驴，由于驴是非常社会性的动物，又添了第二头，就这样添下去，牧群不知什么时候就扩大到了今天的规模。个人主义者的老一套说法在他这里肯定有一点点对，也许施瓦本人爱钻牛角尖、爱发明创造、爱填补短缺的老一套说法也有道理。坑洼不平、土地贫瘠的汝拉山上，人们是精于自己琢磨出点什么来的。水牛饲养者成功地生产出了莫泽瑞拉水牛干酪；羊驼在此地并不少见，可以带上它们徒步旅行，羊驼毛拿去卖，并且让它们用于治疗；在植物方面，那差不多已经被人遗忘的汝拉山小扁豆重新焕发生机，被成功地定位为优质生态食品了。

很明显，在辛恩山这里人们不是为了赚大钱——养驴人的圈子较小，挣大钱得等待相当长的时间，人们是为了驴的幸福。驴是战友，韦茨说着用力地拍了拍一头正好从旁边经过的驴的肋腹。跟标准德语里战友这个词有点偏向军人用语不同，施瓦本方言里的“战友”一词听起来亲切不拘。这时我们到了第三片牧场，褐色、黑色、浅灰和深灰色的驴混杂在一起吃草。浅灰色驴皮毛上的细纹清晰可见，一条细细的黑色条纹，穿过整个背部，有一段横向往下拉到肩膀。一个黑色的皮毛十字，中世纪和近代早期的动物图书把它解释成一种基督教的勋章：因为耶稣骑着头驴来到耶路撒冷，他的坐骑此后被准许佩戴一枚救世主的标记。尽管在基督教信仰里，驴由于性欲旺盛同时也受到怀疑和诽谤。“它好色，经常冲动”，例如16世纪的自然研究者康拉德·格斯纳

（Conrad Gesner）就写过。动物学家们今天也强调，驴的性交比马更频繁，更富有攻击性。

如果牧场上的母驴——浅灰色的种驴也属于择偶对象——正好没在吃草，它们向山谷张望，让耳朵转起来，在树干上挠痒或者互相舔护皮毛。有的驴卧在浅草上，把腿折起来，对着春天的阳光眨巴眼睛。其他的驴兴高采烈地在沙坑里打滚。1岁大还没出售的驴驹顽皮淘气，向斜后踢蹬着腿在牧场上跳跳蹦蹦。其中一只驴驹饶有兴趣地一再啃咬我的皮包。成年驴也从旁边经过，用它们外白内黑镶了两层边的眼睛，带着有所克制的兴趣打量着我。有的吓一跳，往后倒退，大多数原地站立着，让你去轻挠它们的脖子和后背。我们继续开往第四片牧场和宽敞的驴棚，动物们在这里过冬。目前这儿有3只母驴和它们将近1周大小的幼崽。最小那只幼崽有着浅灰色的，浅得近乎白色的非常明显的长毛。

安德烈亚斯·韦茨说自己也许会留下这只浅灰色的幼崽，因为棕色的驴很普遍，这种精美漂亮的浅灰少见。他的驴是一般的家驴，不属于像法国的长毛普瓦图驴或者西班牙高大的加泰罗尼亚驴那样的名种，后者跟种马类似，有种驴登记簿，按照品种规范接受监督。在那里不是大家都能够养种驴，而是只有国家核查过、登记注册过的人才能养。而在我们这里，养驴没有相应的传统。家驴根据尺寸——成年动物前背部隆起部分的高度，在90厘米到1.6米之间——划分为小驴、中驴和大驴。理论上他可以给他的驴贴上圣约翰种驴的商标，韦茨说，然后笑起来。不过他只在意驴要健康，要帅。在欧盟范围内每一头驴都有一本驴护照，施瓦本这里由巴登—符腾堡州监督协会签发，它受州府委托给动物标注特征，负责动物养殖的效率检验。除此以外，韦茨的每一只动物肩膀上植入了一枚兽医发的微芯片，而得以识别。芯片的阅读器放在高尔夫车内。

周围人对芯片的事一无所知。第二天早上我再次独自散步去看驴，在乡村土路上走过园圃、粮仓和果园，看见三三两两的马和羊。在这样一个周一的上午我只遇见了一对老夫妇，他们在符廷根城外的园圃里干活。要我是头驴的话，这种时候会用后腿斜着向上蹦跶。简直美得令人发疯。蜜蜂嗡嗡，鸟儿叽喳，庞大的高压线铁架下管线嗞嗞作响。不一会儿韦茨的四足动物便走入画面。羊驼对周围不太感兴趣，但是驴却把它们的长耳朵转向来访者，慢悠悠地朝牧场栅栏的方向走来。当然，吃的东西没有，它们友好地观望

这驴给希望中的潇洒不拘提供了完美的支撑。
约翰 · 克里斯蒂安 · 赖因哈特（Johann Christian Reinhart）所作：《骑驴的席勒》（1785/1787 年）

着，接受来访者拍拍它们的肩膀，抚摸抚摸它们的身子。

从林和远处的草场构成微微起伏的丘陵天际线。蒂宾根布尔萨小巷里荷尔德林的钟楼离这儿大约15公里，席勒至少在1794年到过蒂宾根。风景画家约翰·克里斯蒂安·赖因哈特（Johann Christian Reinhart）作过一幅画，题为《骑驴的席勒》。诗人和画家成了朋友，席勒简洁地评论友人的肖像画："他画我，很逼真。"他的腿摆放得潇洒自然，抽着烟斗，戴着宽边软呢帽，穿着靴子，很帅，有些许鲁莽勇士的感觉，像位高楚牧人。驴利索地抬起后蹄。我面前的驴既不必驮诗人，也不必驮其他货物。它们用嘴和鼻孔旁长长的须毛探触栅栏，保持距离。然后它们重又扭转身去，转动耳朵，卧倒，沐浴上午的阳光。

温和的国王

——基督教信仰里的驴和驴骑士

耶稣骑驴进耶路撒冷城，这个极其牢固地确定下来的画面，唤起人们对过去2000年里最为轰动的骑行之一的记忆，它甚至可能是人们最为熟悉的、推翻一切的，同时又延续着老事物的骑行，简而言之，最使人迷惘又影响最大的骑行。

问题的症结首先在于骑者和被骑动物之间的联系。一位救世主骑着一头和平的动物，这是革命性的，同时又是一以贯之的。这位有正义感、乐于助人且谦恭的王者，先知撒迦利亚在《旧约》里就这么描述过，不像其他从事战争的民族那样，他不需要战马。那种好战的马跟不好战的驴之间的比照在《旧约》和《新约》中都出现过。耶稣选择了一头驴，显而易见，由此他选择了一个没有驮过征服者参战的坐骑，至少是动用传统军事装备的征服者。作为也许是最大的反差，我们想到了再现庞贝亚历山大战役的马赛克画，画面上保留下来的亚历山大大帝的战马：一头被兵器所包围的战争动物，像它的主人一样全副武装地疾驰而来。

而驴在《圣经》中则完完全全以民用骑乘动物的面目出现，尽管在其他文化中和在别的时期绝对有过战驴。从古希腊罗马时期到第一次世界大战期间，驴和骡由于能负重不受惊而被使用。第一次世界大战中不仅山地部队，毒气前沿部队也使用驴和骡。佩戴防毒面具的动物照片，既有马的也有驴的。只不过区别在于，马从一开始就被强加上与军事的密切关系，而勇敢无畏的战驴这种概念从未真的让人习以为常。（另外，不久前的报纸新闻也危及与此相联系的、驴不崇尚暴力和友好善意的老套说法：一家匈牙利街头小报报道，两头极端好斗的驴把一位退休老者从摩托车上拽下来，撕咬踢踩致死。据说两头驴觉得那位男子入侵了它们的领地。）尽管如此，驴民用和非暴力的形象没有根本上的改变，这可能与《圣经》所传播的驴温顺有关。

事实上《圣经》和基督教传统都没法没有驴。圣诞的耶稣诞生画只有有牛有驴才完整无缺；向埃及的逃离只有借助一头驴才成了行；在十条诫命里驴（在妇人、奴隶和牛之后）被作为财产提及，是不可起贪欲的他人之物。尽管作为被证实的好色动物，驴不如羔羊那样，有着毫无瑕疵的声誉。直到中世纪后期一直做驴弥撒，牧师骑着驴进入教堂，跟教区的教徒们交替呼喊“咿——啊”。大家齐唱驴颂“自东方之地/走来头驴/俊俏又强壮无比”。与驴不可靠的声誉相反，歌中它以“俊俏又强壮无比”而受到崇拜。然而，自12世纪以来神学家们便试图禁止做这种弥撒。十分普遍的情形是，在基督教里驴一方面蒙上淫荡动物的污名，另一方面变成一个受难角色跟救世主的人生紧密地联系在一起。古希腊罗马时期的、非基督教的驴子遗产却从未被完整继承。

想描绘赋予了基督教色彩的驴，自然要从《旧约》开始。《旧约》里驴出场相当多，常常在说明大笔财产和富裕时带出。例如在介绍虔诚的希奥布时讲道：“他拥有7000只小家畜，3000头骆驼，500对同轭牛，500头驴，以及很多仆役。”驴一方面是一头有价值的动物，是财富的标志；另一方面，哲学家及驴研究者努乔·奥尔迪内（Nuccio Ordine）指出，《旧约》里的驴尽管有如此恩赐，可始终被排在长长的列举项的末尾，排在仆人附近，“一般在‘奴隶’一词之前或之后”。所以说驴从《旧约》开始就使人产生矛盾心理，它的优点伴随着它的屈从和奴役义务，没有后者它不可能成为一种新的、未来占统治地位的象征动物。

《旧约》中最著名的那处驴描述是《民数记》里巫师巴兰和他说话驴子的故事。摩押王巴勒要求巴兰诅咒前来的以色列人。巴兰一开始犹豫，随后应从出发。但上帝发怒，给他派来一位执剑的天使 —— 当然只有驴子才能看得见天使。聪明的驴子两次给天使让道，巴兰两次抽打他的驴子，第三次时“耶和华叫驴开口，对巴兰说：我向你行了什么。你竟打我这三次呢？”（《旧约 · 民数记》第22回，第28诗节）“我不是你从小时直到今日所骑的驴吗。我素常向你这样行过吗？”直到这时巴兰才清醒过来，他认出上帝派来的天使，懊悔自己的过失，筑起7座祭坛，相信上帝，对以色列人民的诅咒变成祝福。

巴兰的故事在美术作品里早已经得到反映，从罗马维亚大街的地下墓穴到伦勃朗的油画《巴兰的驴子》，再到19世纪粗制滥造的那些圣经画作，传统悠久。维亚大街地下墓穴内4世纪的一幅湿壁画表现了身着罗马宽外袍的巴兰，他站在同样身着宽外袍的天使对面，驴子把耳朵侧向一边，显得犹豫不决。谁也不注视谁，巴兰和天使看着外面，驴子看谁不确定，眼睛冲下。三者的眼睛都大大的，富有表现力。圆瞳孔白眼珠的驴子眼睛看上去跟人眼睛类似。

说来奇怪，巴兰和他聪明的驴子似乎在文学中没有留下太深的痕迹。巴兰故事最新的文学记录从下面一本书的标题上可以看出来：尼克·凯夫（Nick Cave）的首部长篇小说《驴子看见天使》（*And the Ass Saw the Angel*）是对诗句“驴子看见上帝派来的天使挡道”的一种影射。小说的主人公，那个默不出声、残疾孤独的亡命徒尤奇里德·尤克鲁（Euchrid Eucrow）在南部州一处穷乡僻壤长大。那里的世界无法无天，盛行酗酒和宗教狂热，尤奇里德的父母就是酒鬼和虐待动物者。尤其是后一点跟《圣经》里的那头母驴搭建起了联系，那也是个闷不作声的家伙，它突然张口说话，反对主人动手打自己。尤奇里德虽然默不作声，却开始滔滔不绝地讲述自己的不幸。我们可以对凯夫小说中《旧约》的昏暗和远古的暴力场面泛滥提出异议，但他毕竟把一篇《圣经》故事纳入了流行文化的文库之中。

前面提到过的《旧约》中撒迦利亚的预言奠定了过去2000年驴子类型学的基础：“锡安[1]的民哪，应当大大喜乐。耶路撒冷的民哪，应当欢呼。看哪，你的王来到你这里。他

1 锡安（Zion），古代耶路撒冷的最高点，用以指代耶路撒冷。——译者注

驴子看着天使。伦勃朗·凡·莱因（Rembrandt van Rijn）画作：《巴兰的驴子》（*Balaams Esel*）（1626年）

是公义的，并且施行拯救，谦谦和和地骑着驴，就是骑着驴的驹子。我必除灭以法莲的战车，和耶路撒冷的战马，争战的弓也必除灭。”（《撒迦利亚书》第9回，第9至10诗节）《旧约》预告了走来的这位国王是一位谦恭的骑驴人。《新约》四福音书援引《旧约》中先知的话，让和平的君王骑在驴背上。

耶稣进入耶路撒冷之前，派两位门徒去把一头拴着的驴子解开，牵来他骑。准确地说在《马太福音》里写的是两头，因为“你们往对面村子里去，必看见一匹驴拴在那里，还有驴驹同在一处”（《马太福音》第21回，第3诗节）。《马太福音》在引用先知的话时有一处微小但是却引人注意的改动：“要对锡安的女子说，看哪，你的王来到你这里，是温柔的，又骑着驴，就是骑着驴驹子。”把骑在一头驴背上写成两头驴背上是在从希伯来语翻译成希腊语时出现的错误，这个错误又在美术作品里表现出来。进入耶路撒冷所以就时不时地以两头驴随身来刻画，一头母驴和身后小跑的驴驹。与此相反，《马可福音》、《路加福音》和《约翰福音》仍然写着一头驴。进入耶路撒冷不仅实现了《旧约》的预言，而且强调了一种新的统治类型，一个把软弱变成力量从而颠覆一切价值的君王的统治，这一点在所有四福音书里是共同的。

《马太福音》里耶稣跟一头驴和一头小驴驹一起进入耶路撒冷。希波吕忒·弗朗德兰（Hippolyte Flandrin）画作：《耶稣进入耶路撒冷》（1842—1848 年）

《圣经》中的驴在整个字面意义上成为谦恭思想的载体，谦恭思想把骑驴人和驴联系起来。不仅仅是谦恭，（耶稣）山上讲道之后，同情、博爱、宽厚、温良、和气也都成为新君主变革性的行为规范。这一系列“软弱的”、不好战的行为重又与一种动物有着象征性的关联，这种动物以令人惊异的承受力而闻名。它通常任人痛打而不抵抗，或者换句话说，它不以暴易暴。对耶稣受难的展现选择了一种驮物的动物，它一方面被认为行为怪异，另一方面又因为负重的优点而出名，这个优点与惯常的战争特性不沾边。与古希腊罗马时期和早期的驴神话及驴神相比较，那时的驴有着壮实和性欲旺盛的面目，把谦恭、忍耐和坚韧归作驴的特性确实不可靠。驮过新救世主的称颂，在实际的和基督教化的生活中几乎没有使驴获得更好的对待或者甚至敬重，其作用倒不如说适得其反更合适。

至于驴在宗教里的影响，音乐学家马丁·福格尔（Martin Vogel，1923—2007）在他跨学科的驴文化史中有更加深入的研究。《驴子的里拉琴——背古琴的驴子》（*Onos Lyras.Der Esel mit der Leier*）1973年由一家小型的音乐学专业出版社出版，以这本书所做出的颠覆性的推测来衡量，它没有引起多大的关注，不可思议。人们对文化，尤其宗教通过驴子形成这样的认识大概还接受不了。福格尔的出发点是，不能把音乐、金属加工和养驴这三大关键性的文化成就分开来思考。他认为该隐家的三个儿子犹八、雅八和土八该隐与人类历史的三大开端有着神秘的、密切的关联。福格尔首先追踪古代养驴游牧民族的足迹，描述了养驴的波斯、希伯来和苏美尔男人，把这种负重动物的扩散归功于他们。他研究了从古埃及神塞特（Seth）到耶和华（Jahwe）（据说甚至他的名字听起来都像驴叫），再到基督教帕尔姆驴（Palmesel）的驴崇拜和驴偶像。

驴与音乐的关联同样根植于驴崇拜。从对驴叫的大声模仿，例如击鼓或者吹口哨，发展到用驴皮或驴骨制作乐器；吹奏乐器和弦乐器也跟第一批养驴人的生活直接相关。按福格尔的说法，古老东方的养驴人拨着里拉琴弦来赶驴。所以驴跟音乐的联系源远流长，尽管已被人遗忘。事实上从埃及的滚印章到中世纪法国教堂的大门上都常常有奏乐驴子的形象，也造就了谚语式的说法“背古琴的驴子”。而这一切是在驴叫被视为令人难以忍受的声音的前提下。驴子和音乐的组合通常也会被人视为把两个对立的东西绑在一起，很多寓言和童话似乎足以证明这一点。一头驴子拾到一把古琴，发觉自己没有音乐细胞。但是福格尔却把背古琴的驴子这件事一直追溯到古代。那时候的驴子才不是遭人嘲笑的大叫大嚷之物，而恰恰是一切人类事物的鼻祖。

在福格尔看来，首先绝大多数宗教离开了驴子几乎无法想象。犹太教和基督教的上帝都是“骑驴的上帝”，这位音乐学家和自称的“驴子辩护人”可不认为这是亵渎神灵，他愿意把这理解为提高受蔑视动物的地位。他在语言学和词源学上的推测十分大胆，不无争议。近东、北非和南欧许多尊为神圣的词都被他追溯到了“驴词”上。他认为（源于h-m-r词根的）“himeru/himaru”有着阿卡德语、阿拉姆语、阿拉伯语和希伯来语变体，指的就是驴，经常也指养驴人、他们的部落和诸神。也有许多词源于驴子身体的部分，暗示着驴子或者与驴子相关。后宫、天空、阿拉伯人、希伯来人等词，还有阿卡德语的词干r-k-b也跟驴子相关联，它指乘车和骑行，有阴茎崇拜的含义。词干s-m-r和s-m-l的词也同样是驴词，它们与音乐、城市名称，与其他的神，与爱情等等相关联。你会发现，在福格尔这里简直一切事物都跟驴子有关。

他围绕驴子的长篇大作因此不乏阴谋论的特点。由于如此多的词似乎都指向驴子，也隐隐地透着一点文学幻想之光。福格尔书中围绕驴子发散性的描述，恰似一首对一种受辱太久的动物早就该唱响的、想象力异常丰富的颂歌。迄今还没有任何别的驴专家收集到如此众多的材料，他醉心于此，推测之广泛深远不无过分。尽管如此，可能也正是因为如此，他的《驴子的里拉琴》一书对于驴子的研究具有不可估量的价值。赞美这部奇异的作品吧，哈利路亚（它源自希伯来语的hallel，hallel同时指“流浪的驴子”）！没有这部作品，《驴》一书不可能写成。

主人与奴隶

——动物不安，自然研究者也不安

“开罗是所有驴子的高级学校”，阿尔弗雷德·布雷姆[1]为开罗着迷。他甚至更进一步，因为“只有在这里你才会了解、赏识、重视、喜爱这种出色的动物”。在此以前学会爱驴似乎并不一定就是这位动物之父的目的，因为在《布雷姆的动物人生》(*Brehms Tierleben*)中驴子这一章有很多异乎寻常的情绪转变。布雷姆时有批评和称赞，谈到驴子时他满口的陈腐老套。可在埃及时他迷上了驴子，开始全面地为这种备受诽谤的动物恢复名誉。可惜人们大多只看到他大部头的作品，而忘记了这位大众化的动物学家远赴异域，还是位野生动物生活的研究者和细心观察者。在人们的记忆里，他可能更多的是位以仁慈的动物之父口吻讲述“我们的刺猬”和“我们的欧亚鸲”的百科全书编撰者。他的动物当然是赋予了人性的，它们独自勤劳快活、逗人发笑地劳作，这是19

1　阿尔弗雷德·布雷姆（Alfred Edmund Brehm，1829—1884），德国19世纪动物学家和作家。——译者注

胆怯然而自由：《努比亚野驴》，这幅1904年的插图上画的是非洲野驴的一个亚种，今天即便没有绝种，也已经受到绝种的严重威胁

世纪和后来一代代读者希望自己拥有的个性特点。这种独特永恒的动物个性画廊让人有些忘了布雷姆是位考察旅行家，好像永远是一位白胡子学者在浩瀚书卷中说话。

然而编入驴篇章里的开罗趣闻让人们看到了另外一个布雷姆，他作为一个考察旅行团的年轻成员，从1847年到1852年的5年时间里游历了埃及、苏丹和西奈半岛。不仅驴，埃及大城市里的赶驴人也引起了他的关注，因为它/他们“如同清真寺的尖塔和棕榈树一样”属于街景。用驴，“就像我们用马车一样”，所以骑驴完全不是什么丢脸的事。这位游历的自然研究者发现，驴在南部国家的名声较好。此后不久欧洲骑驴人对驴也更看重了。“你在所有会带来危险的动物和骑乘者中间，在街上的手推车、驮着重物的骆驼，在汽车和行人中间快速穿行，而驴一刻也不失兴致，不受控制地以一种非常适度的速度奔跑，直到抵达目的地。”

赶驴人也跟开罗的驴子一样给布雷姆留下了非同寻常的印象。他们为了争夺任何一个新来的顾客而大打出手，在夸赞他们的驴子时压过别人，嚷嚷着，闲聊着，在狭窄的街巷里追赶着。驴子和赶驴人这对搭档映照出一幅典型的殖民景象，在令人感到兴奋刺激和毛骨悚然之间来回闪烁。1853年时游记作家博古米尔·戈尔茨（Bogumil Goltz）曾拿不准该怎么看待“驴崽”，布雷姆引用他的话：“该说它们倔强还是顺从，迟钝还是活泼，调皮还是厚脸皮：它们是一切可能特性的混合体。”一种少有的相互矛盾性格特征的混杂，不仅符合赶驴人，也符合驴本身。青年布雷姆兴高采烈地骑着埃及城的驴子奔跑，至少说到南方驴子时他认定了它正面的性格特征。野驴的情况也相似，在有驯养驴之前就有对野驴的详细评价。布雷姆满怀赞赏地描写亚洲野驴和非洲野驴，他称赞中亚平原的蒙古野驴体形细长；证明土库曼野驴和伊朗的波斯野驴感官敏锐，皮毛像丝绸一般滑软；他称非洲草原驴长得好看，胆怯而谨慎。

驯服的家驴与此形成的反差令人伤心。除了那些在南方地区受到保护和照料，或者穿过开罗巷子活泼奔跑的家驴，对布雷姆来说它们整体处于一种退化状况，令人沮丧。“在我们这儿由于长时间对驯服的家驴（Asinus vulgaris）的疏忽，它们已经沦为名副其实的废物。”布雷姆辩解道，“众所周知，北方的驴迟钝、顽固，常常难以驾驭，一般是憨和蠢的象征物，尽管这并无道理。”说起一种偏见，敷衍性地驳斥，并听任它继续存在下去——这种在拥驴和恶意评价驴之间左右摇摆的状况，至少在涉及“我们的”驴子的特性描述时，还会长久地延续下去。

《动物生活画刊》（*Illustrirten Thierlebens*）第一版中的驴子插图也很说明问题。驯化的北方驴，背景上的风车显示出它的家乡，恭顺地垂下头，给人一种挨揍狗的印象。耳朵转向后面，眼角和嘴角忧郁地向下耷拉着：这样的家驴是令人怜悯的生物，形象悲惨。与此相对应，前面一页上的非洲草原驴昂首而立，胆怯，却自在。没有磨把它跟文明的车轮拴在一起。布雷姆为证明驯化驴的退化援引了两位学术权威的话。自然哲学家洛伦茨·欧肯（Lurenz Oken）用隐含文明批判的口吻宣称，驴在驯化后身上所有原来优良的属性都变成为劣性。“活泼变成迟钝，聪明变成愚笨，热爱自在变成忍耐，勇敢变成忍受挨揍。”而且它的皮毛变得暗淡，耳朵变得软绵绵。布雷姆采信的第二位权威人士是神学家及博物学家彼得·沙伊特林（Peter Scheitlin），他在1840年所著的《动物心灵学》（*Thierseelenkunde*）一书中同样在指责和称赞之间摇摆。驯化的驴“能忍耐”，而且“与其说笨还不如说有判断能力”；“它藐视棍棒痛打，几乎无法通过揍打来催促它。这一方面说明它顽固，另一方面说明它的皮硬”。

一方面耐性好、敦厚、不惧挨揍，另一方面消极抵抗、懒惰、固执地站住不动。对驴几百年观察下来发现它们都呈现出这样难以捉摸的对立特性。有别于在把驴明确地设定为消极面相的相面术历史里，至少从古希腊罗马时期到近代早期的自然研究者承认驴的劳动力和韧性。它被称赞，被怜悯，人们有时甚至愤慨地替它辩护。劳作的动物与人之间这

伊朗的波斯野驴可以被驯化吗？过去人们相信它们在古代就已被驯化，而事实证明并非如此。

伊朗的波斯野驴属于亚洲半岛，今天仍有几百头生活在伊朗盐质荒漠的边沿地带

种主仆关系似乎导致人几个世纪以来一直不安，感到有辩护的压力，跟其他驯化动物如牛、羊，或者狗相比，驴使人感到的不安和压力更大。驴容易满足、忍辱负重，还必须承受恶劣的对待和嘲弄，对此许多动物学书里都颇有微词。尽管如此，你在这儿却找不到有责任心的驴的辩护人——开明的敏感和新式的动物保护的时代还没有到来。

近代早期影响最大的动物描述出自康拉德·格斯纳（Conrad Gesner），苏黎世的自然研究者、医生及亚里士多德专家，人们后来授予他现代动物学之父的称号。1551年到1558年期间他发表了一套多卷本的《动物志》（*Historia Animalium*），此书几年后也以德文《动物志》（*Thierbuch*）出版。书中驴和骡篇有关驴的记录主要是正面的内容。在“驴子的天然风采”标题下面首先称赞了驴子的韧性，并指出，没有什么可以轻易地摧垮这种动物。“此种动物天生乐意驮重物，以此为生；可能也受得了抽打和饥饿；干起活来耐力好。”你几乎无法带它过桥，尤其当它看见身子下面水在流动时。母驴对自己的幼驴爱之深，一旦听它喊叫不惜赴汤蹈火。肯赴汤蹈火这种细节，连同其他大部分描述可以追溯到普林尼（Plinius）那里。甚至格斯纳身后足足300年，普林尼身后足足1800年的布雷姆也提到母驴出于母爱会赴汤蹈火！它“在保护幼驴时甚至忽视水火”。格斯纳讲，驴能活接近30年，母驴甚至更长。驴是“一种温顺的动物”，任人在它背上加载重物。狼和熊是驴的天敌，此外还有乌鸦。“原因在于，凶恶的乌鸦围着它盘旋，用爪子抓它的眼睛。”金翅雀也跟驴势不两立，因为驴吃它们的幼鸟。

从天敌和饮食习惯到交配行为和驴的药用价值，再到驴的来历篇章，《动物志》汇集了16世纪中期人们所知晓的关于驴的一切。格斯纳引据古典权威，亚里士多德、普林尼或者加伦，这在他那个时代十分普遍。有关驴的寓言、童话、趣闻和诗歌同样也参与了这个丰富的知识宝库的构建。那时候还无法预见到，200多年后动物学知识正是由于有区别的特征越来越多而自成一门学科。1758年林奈（Carl von Linné，1707—1778）提出了（生物分类的）双名法，在他的著作《自然系统》（*Systema Naturae*）里不再包含寓言的成分。从此以后，驴的称谓即为*Equus asinus*，属名加种名。把不同的种类按体系分类，一切趣闻变得多余。

康拉德·格斯纳的《动物志》不仅是一部动物的历史，也提示了正确养驴的方法。比如作者劝告人们，驴要“认真地养”，提醒人们驴有着巨大的可利用性。这种“可怜的动物”在推磨和把木材、谷物、面粉、盐巴，“一句话，所有人类所急需的物品”，扛在背上时也在受苦。这位动物学家简明扼要地附注道，“它从无假日”，还补充说罗马人［比如罗马全才学者瓦罗（Varro），布雷姆也引瓦罗为证］有多尊重驴，它是那种就是在星期天也不能休息的动物。在格斯纳眼中驴是个绝对值得怜悯的、好品行的奴仆。

在另一本比格斯纳早几年发表，但被人忘却的动物志里也有着对驴十分相似的同情。1546年米夏埃尔·赫尔（Michael Herr）所著《新动物与医药志》（*Neues Thier-und Arzneibuch*）出版，该书同样依循古典权威亚里士多德和普林尼的思想。在关于推磨驴子这章里学者列出了驴子从纯朴到忍耐的所有常见特性，尤其强调了驴在《圣经》里受到的高度尊重。耶稣，上帝，在进入耶路撒冷时“没有因为驴而感到惭愧”，所以驴“今天背上还戴着十字的轮廓和记号”。由于驴协助耶稣逃往埃及，所以它是个“分担苦难的帮手”。一个分担苦难的帮手：几乎没有更好的表述能够概括这种基督教的骑乘动物和基督教的骑乘人之间特性的转借，或者换个词，特性的渗透。

《一种温顺的动物》：康拉德·格斯纳《动物志》（1551—1558年）中的驴插图，德文版译文名为 *Thierbuch*

描述完这种负重动物《圣经》里的英雄举动和生活习性之后，作者相当冷静地列举了使驴也发挥药用价值的可能性。驴蹄烧成灰治甲状腺肿大和眼病，烘干的驴肾治尿频，驴尿消除性器官部位的肿瘤，驴粪治黄疸病，驴皮给小孩子壮胆。特别是驴奶的价值广受承认，自埃及人以来，就说克娄巴特拉（Cleopatra，公元前69—公元前30年）[1]神秘的驴奶浴吧，驴奶护理和美容的功效就尽人皆知。米夏埃尔·赫尔更多地介绍了驴奶大致的药用价值，它消除面部疤痕和

1 埃及著名女王，埃及马其顿王朝的末代君主。——译者注

苦拉风磨、喜吃蓟草的家驴，1850 年的彩色印刷画

“皱纹”，对暑热性痘疮有疗效，利大便，促排毒。赫尔的《新动物与医药志》中绝大部分医学提示来自普林尼的《博物志》（*Naturalis Historia*），这部37卷的百科全书完成于公元1世纪，汇集了古罗马人和古希腊人的知识，尤其关注动植物的医疗可利用性。在普林尼的时代就已证明，一头死驴也完全有用。

不管死去还是活着，在博物学观察者眼里驴子始终是引发高度愤怒、不安或者至少是巨大解释需求的一种动物。

孔德·德·布丰(Comte de Buffon，1707—1788)和他18世纪编成的巨著《自然史》也这么表达过。布丰想知道人对驴加倍的轻视来自哪里:“人们从哪里寻得了理由轻视一种动物？它的善良、忍耐、知足和实用性没有一点该招致如此侮辱的地方。人们是否该把他们的愚蠢如此放大扩展，甚至去轻视那些任劳任怨廉价出卖它们服务的动物？”

似乎人类驯养者从未真正从他们征服驴子行动的矛盾结果中摆脱出来。那个驯化了驴子的主人不再能够超然物外。人们不得不想到黑格尔对统治和被奴役的解释。在《精神现象学》里哲学家解释道，主人和奴仆发生了关联，不可分离。自以为自由独立的主人始终跟奴仆拴在一起。紧接着一句颠覆的话把上与下、主人与奴仆反转过来:“因此独立意识的真相便是奴仆意识。”接下来黑格尔指出，统治的本质即“统治所想达成事物的反面”。是否可以把它套用到主人和主人的动物之间的关系上？必须承认驴子不具有人的意识，但是这个畜类忍耐者几百年来服侍它的人类主人，人们显然有必要对此做出解释。看来被动者越是不动声色地忍受棍棒，主动者越是感觉到自己的行为可疑。驴子的忍耐毕竟始终令人不可思议。动物学家约翰·奥古斯特·格策

（Johann August Goeze）在他1793年完成的《欧洲动物自然史》（*Naturgeschichte der Europaeischen Tiere*）中写道，“它们即使遭受暴打也从不对赶驴人予以还击”。透过格策的惊讶我们听到新的善感的声音，它在18世纪催生出感情移入的驴子辩护者。即便在动物王国替罪羊也逐渐受到质疑。

不纯的杂交

——进化史中的驴、马、骡与人

驴从一开始就被拿来跟马做比较，其结果几乎总是对驴不利。跟马相比驴不得不“扮演一个非常恭顺和笨拙的角色”，孔德·德·布丰在他著名的《自然史》著作里这样写道，同时他试图在跟马不公正地比较时保护驴。马爱好者直到今天还说，马更高大、贵重、长相更漂亮，马耳朵长得更合比例，马尾巴更美观，马皮毛更有光泽，而且马更适合骑行。驴归马属，马和斑马也归马属，光是分类学就把它和马绑在了一起。

家驴尤其被错误的榜样包围着，这些榜样让驴显得像是有缺陷的生物。不拿它跟马比时人们会拿更自由、跑得更快、长得更帅的野驴跟它比；就好像这个驯化的驮物动物自己选择了它的命运似的。要不然就拿南部地区活泼好动的驴跟迟钝的北方驴子相比。确实由于疏于饲养，北方驴子通常是耷拉着耳朵的。不纯的杂交和“不如……”的说法似乎使人怀疑驴已经退化和衰败，这种怀疑从一开始便笼罩在驴身上。

《研究家谱的驴》。弗兰西斯科·戈雅：献给他的祖父。
《狂想曲》组画第 39 号作品（1799 年）

布丰也这么认为。不夸张地说，他有关驴的文章算得上启蒙运动时期最有趣的学术文献。布丰有关驴的论述先是在1753年以专著的形式发表，又在1754年收入《自然史》描述家畜的第四卷里：先讲马，然后讲驴，再是牛。布丰把驴作为一个独自的物种来描述，他尝试以此使驴升级到一个更受尊敬的地位，由于这位旧体制的自然研究者预感到这是一种首创的理念，所以这篇文章特别吸引人之处还在于物种来源和它的可变更性的观点。但为这种观点他同时又费了很多口舌，最后又把它删除了。布丰还试图（也是借助于驴）挽救全能的上帝居于自然之首的地位。这绝对也是索邦大学神学系的愿望，《自然史》第四卷留下了它审查的痕迹。哲学家和科学史家蒂耶里·奥凯（Thierry Hoquet）指出，布丰对神学的让步使他的解释引起争议。人们指责作者懦弱，批评他为了事业的成功而甘愿妥协，嘲笑他以玩世不恭、不知羞耻的方式来摆脱对手。奥凯认为，布丰变革的、立刻又丢弃了的驴假说也仅仅是个用来安抚索邦大学博士们的空壳。至少在18世纪中期孔德仍然坚持神学上毫无疑问的种属恒定观点，后来他才放弃了这种静止的观念。

“如果聚精会神地观察驴在所有情况下的反应，它难道不像一只退化了的马吗？”布丰对第二种重要驯化物种的思考就是这样开场的。两种动物在大脑、肺、胃、大腿、蹄子和骨骼方面的相似性足以使人推测，驴和马原来是同一种动物，驴后来由于繁殖不力，生存条件恶劣而萎缩成一匹有缺陷的马。可布丰想要猛烈驱除的正是这种想法，它的核心包含了物种会变化，大自然中万物的发展并不依循某种目标的观念。他提到，由于驴和马“混交”，后代失去生育能力。骡和驴骡的不育给他提供了马和驴从一开始就不同的论据。布丰利用马驴问题试图把比较引向生物普遍的相似性和差别上。人、四腿动物、鲸鱼类、鸟类、爬行动物、鱼，它们有着如此之多隐蔽的相似性！

但如果这种多样性不是通过自然自己发展而来，那就只剩下一种结论，即那个“最高的生物”握有一种“蓝图”，一幅唯一的图画，每一种动物随它造物主的意愿而改变。那么动物之间的相似性和差别就并非来自自然，而是一开始就存在的，因此是上帝赐予的。布丰是承认改变的，大自然中“一切变化都在逐渐和不知不觉地进行着”；只是他认为动物的本源不可能是在历史的进程中慢慢生发出来的[1]（从已经存在的物种中演变而来的物种就更无可能）。布丰在后来的作品，例如《自然时代》（*Epoques de la nature*）里会强调他抛弃过的生物可改变性的观念。历史学家阿瑟·奥肯·洛夫乔伊（Arthur O.Lovejoy）写道，孔德[2]没有再提上帝同时创造出所有生物，而是认为生物是逐步发展的。布丰甚至要算出跟《圣经》所说完全不一样的地球的年代。他跟居于支配地位的神学学说之间的关系错综复杂，在《驯服或者家养动物》（*Von den Zahmen oder Haus-Thieren*）这一卷里他自己就保持着相当驯服的态度。

在驴马问题上他得出了以下结论：要是驴真的只是匹退化的马，是马停止对自己有利的进化后的动物，“那么自然的威力会没有限制”。布丰不得不让从一开始就创造出一切细微差别，创造出一切隐蔽相似性的造物主来对阵强大无比的自然。如果生物完全能够自行发展，在时间长河里自行变化，那么自然便是伟大的造物主，其他所有人都不是。

孔德让大自然威力无边的这种危险的声音扣人心弦地

1 意思是必定有一个创造者。——译者注

2 孔德是布丰的名。——译者注

慢慢响起，被其他声音淹没，逐渐增强；随后是中断式的间歇；再后来响起安抚性解释的声音，德语以一句“事情可不是这样的”开场。不允许存在的事物也就不能够存在。法语听起来美多了，那句让上帝创世重归静态平衡的话就径直以“Mais non”[1]开始，接着便解释说，从一开始所有动物就全数存在了：“我们宁可相信《启示录》所说，一切动物在上帝创世中占有同等的份额，每类物种，所有物种的两个祖先都是由造物主的双手变出完美模样的。”

布丰（由于他基本上拒绝分类学者的命名法，所以并没有坚持使用科、属、种这些概念）想要保存一些东西，他称之为“la grace[2] de la création”，恩泽、优雅、魅力，1781年的译文中“grace[3] de la création”只剩下了création一个词，似乎德语里单单创世就足够威严高贵。可是文体学家布丰认为优美同样重要，在他看来变化多端、构造精细的宇宙里优美也许更易留存。布丰不愿要他对手林奈采用的生硬干巴的分类学，社会学家沃尔夫·莱佩尼斯（Wolf Lepenies）总结

1 法文“不是这样的”。——译者注

2 原文如此，应为 grâce。——译者注

3 同上。

长得像马还是像驴？骡是牡驴和牝马交配所生的杂种。布丰强调，驴和马的杂交体不能生育。这种说法在绝大多数情况下是对的

说，布丰寄希望于“直接的观察和日常的体验”。

禁止在驴马之间建立起思维关联还有另外一个至少也同样有趣的原因：人和人的进化史。如果相信驴由于退化而与马拉开了距离，“那就能够以同样充分的理由断言，猴子属于人这一科，只是一种退化的人”。布丰强调，驴和马交配生不出有繁殖力的后代，所以它们属于两个不同的种（espèces），百科全书编撰者认为骡和驴骡是不能生育的混种，证实为相当重要的论据。杂交种是一个无生命力的、人为的分支，只有上帝创造的物种能够存续、发展和兴旺。它是这样套用于人的：所有人，无论巨人还是侏儒，黑人还是白人，拉普人还是巴塔哥尼亚人，可以在一起繁衍后代。这意味着他们是一个生物门的，“人都是同一个物种”。

为什么所有人共属一体意义这么重大？后面所隐藏的并非现代的、平等的我们大家都一样的思想。在此让发展进化不起作用对布丰来说紧要得多。没有说出来的隐念在于，一切生物由上帝之手缔造。就像在动物界一样，神的秩序不可改变，否则便不再有秩序可言。1753年时布丰还固守静态的模式，后来他放弃了。生物的进化能力直接就把上帝创世的思想给否定抽离了，他对此的着迷和不安在驴篇章的字里行间可以读出来。

如果黑人和白人在一起不能生出有生育力的后代，“那他们就是两种差别很大的属，黑人跟人对照来看，就是驴跟马之间的关系”。为了使从一开始就既成的秩序存续，黑人和白人源于一属的观点无论如何要坚持。所有人，只要他们在一起生出的后代有生殖能力，他们之间就像马跟马的关系一样。驴一开始就是一个独自的物种，跟马不搭界。

在别的方面，即在社会领域，这种秩序还应当存续。布丰把狮子描绘成无与伦比的动物之王，完美的霸主动物。在误认为是亚里士多德所著的《相面术》里，狮子就已经被视为黄金动物，所有其他动物都必须与之参照。假如动物王国是一个以狮子为王的等级制社会，这对人类社会必定构成一种示范。“布丰动物学的秘密在于贵族两字”，沃尔夫·莱佩尼斯这样概括变革者对贵族布丰所做出的批判性反应。法国革命以后这位自然史作者显得比“贵族学术的典型产物”强不了多少。马克思也说过一句更有概括性的话，批判贵族的血缘和出生自豪感：“贵族的秘密在于动物学。”这种“动物学的思维方法”使贵族在自然秩序里获得他臆想的预先规定的优越性。在涉及布丰时莱佩尼斯则比较谨慎。他说孔德虽然基本上避免了论战，而且“他的作品对权威持批评态度的特色不太显而易见”，但他并不像他的许多反对者想让人相信的那样“顺应旧体制”。对此驴篇章大概也有所体现：它在呈现和掩盖真理之间展开。假如驴是退化的马意味着什么？意味着物种变化无常，意味着大自然无限的威力凌驾于创世主的权力之上。一种令人难以置信的思想，尽管是反动的，但却问世了。

布丰《自然史》发表整整一个世纪之后，达尔文的《物种起源》（*On the Origin of Species*）彻底变革了发展的思想。达尔文有关发展史的变化和共同祖先起源的理论建立在以经验为依据的基础上。《物种起源》发表以后，达尔文1871年在《人类的起源》（*The Descent of Man*）一书里把前书中概述过的原则扩展开来。《人类的起源》将以前发表的物种起源理论运用于人类，证明人类由一种较为低级的类型发展而来。

在达尔文这里驴马问题重又浮现出来。这个问题固然已经很久没像布丰时代那样被人探讨来探讨去了。在达尔文《物种起源》里驴是种有趣的驯化动物，动物饲养基本上就是一种由人控制、不同于“大的”进化的，目标明确、人类选择的发展。在《变异的法则》（*Gesetze der Abänderung*）这章里达尔文谈到了驴和马，处于一种“独特、复杂情况

黑白跟黑白不一样，细纹斑马（*Equus grevyi*）、山斑马（*Equus zebra*）和平原斑马（*Equus quagga*）的斑纹不同。这张插图显示的是斑驴（*Equus quagga quagga*），平原斑马的一个亚种，现已绝种

下”的驴和马，同属不同种的驴和马部分处于自然状态，部分处于驯化状态。达尔文提到，（驯化的）驴有时在腿上有像斑马那样明显的横条纹。类似的情况偶尔也出现在马身上，而且是完全不同品种、世界不同地方的马。一匹比利时驾车马，一匹瓦莱（Wallis）小马，甚至东印度凯替华品种的马（Kattywar-Pferd）通常也都长有条纹。别忘了，还有在骡和其他由驴、斑马、斑驴和野驴杂交出来的动物身上的条纹。

查尔斯·达尔文（Charles Darwin）对斑马的纹理感兴趣。在《物种起源》里他也提到“驴与斑马的杂种”。这是一只驴和斑马的杂种画像（*Hybrid ex Asino et Zebra*），1835 年作

讲条纹问题时达尔文提到鸽子，之前他讲鸽子时详细地解释了返祖现象，即许多世代以前的性状重现的可能性。然后他运用他理论的基本思想回过来讲马属，这位清醒理智的作者口气稍强、包含谨慎预见的话语，在论述的字里行间发出更加耀眼的光芒："至于我自己，我敢于自信地回顾到成千上万代以前，有一种动物具有斑马状的条纹，其构造大概很不相同，这就是家养马（不论它们是从一个或者数个野生原种传下来的）、驴、亚洲野驴、斑驴以及斑马的共同祖先。"一个共同的祖先——布丰在他的驴篇章里没敢真正思考的事情，百年以后达尔文为它奠定了科学的基础。

罗马平原上的驴

——与歌德结缘的驴之友蒂施拜因

18世纪布丰的那套驴子话语是近代以来宏大的、彻底使人产生矛盾心理的驴子话语之一。19世纪中期布雷姆大概会从埃及的驴背上向声誉受损的欧洲家驴投去同情的目光。驴子在文学中的潜力人们一直都能把握领会，从阿普列乌斯[1]、塞巴斯蒂安・布兰特[2]、莎士比亚、塞万提斯、拉封丹[3]、罗伯特・路易斯・史蒂文森[4]笔下的驴子到阿兰・亚历山大・米尔恩[5]的《小熊维尼》和其中的屹耳[6]。不，在故事里

1 卢修斯・阿普列乌斯（Lucius Apuleius，约124—170年以后），柏拉图派哲学家、修辞学家及作家。因著《金驴记》一书而知名。——译者注

2 塞巴斯蒂安・布兰特（Sebastian Brant，1458—1521），德国讽刺诗人。——译者注

3 拉封丹（Jean de la Fontaine，1621—1695），法国17世纪寓言诗人。——译者注

4 罗伯特・路易斯・史蒂文森（Robert Louis Stevenson，1850—1894），英国著名的冒险故事和散文作家，著有《塞文山驴伴之旅》。——译者注

5 阿兰・亚历山大・米尔恩（Alan Alexander Milne，1882—1956），英国幽默作家。——译者注

6 屹耳是《小熊维尼》中的角色，一头灰色小毛驴。——译者注

出名的并非只有马。然而那位最伤感、最滑稽、眼泪最多、最奇特、对驴子最入迷、发疯似的为驴子辩护的人可惜迄今却几乎不为世人所知。这里指的是约翰·海因里希·威廉·蒂施拜因（Johann Heinrich Wilhelm Tischbein）。他之所以留存在我们这个时代的记忆里，主要是因为他给诗人歌德作了那幅《歌德在罗马平原上》的画像。而他同时还是位风景画家、肖像画家、拉瓦特尔[1]之友、歌德之友、驴之友。

他的《驴故事》（*Eselgeschichte*）是自传性的艺术家小说，长期以来仅仅是一本草稿。在他有生之年（1751—1829年）没有一家出版社愿意出版这些出格的配文图画故事，所以人们大多不知道。25年前奥尔登堡国家博物馆出版了蒂施拜因与女作家亨丽埃特·赫尔梅斯（Henriette Hermes）1812年共同完成的稿本。假如文字不那么过分，可以把它称为一种早期的图像小说，因为驴子的图画和描述紧密相关。可这本小说主要记录了对驴子和意大利的一份思念。主人公在阿卡迪亚游逛，近似于蒂施拜因自己人生的各个阶段，遇到驴和人，在途中始终寻找着真善美。他的荷兰和瑞士之行也在他的文

1 拉瓦特尔（Johann Kaspar Lavater，1741—1801），瑞士作家、相面术创立者。——译者注

学和绘画作品中得到反映。在18世纪晚期人们的想象里，意大利永远是高贵、灿烂、艺术家获得解脱的幻想之地。

约翰·海因里希·威廉，生于黑森地区人丁兴盛的蒂施拜因绘画世家，自1779年起，除短暂的中断外，几乎在意大利生活了20年之久。1786年他结识了匿名旅行的歌德，歌德随即搬来罗马与他为邻，第二年画作《歌德在罗马平原上》问世，在这幅成为圣像的画作上诗人舒展地坐着，头戴大檐帽，若有所思地望向远方。1787年这两位友人同去那不勒斯旅行，据诗人《意大利游记》(*Italienische Reise*)记载，画家安排了出游、会面和住宿。反过来说，蒂施拜因的《驴故事》(*Eselsgeschichte*)缺了歌德的样板，以及他们共同的经历，是不可想象的。故事中的“我”试图完成一项经典的威廉·麦斯特式的教育计划，他追求更高的境界，看见自己崇高的理想有时遭人污损，然后重又得到最好的认可；他在众人中寻找上帝。简而言之，他徘徊，他哭泣，他向往。

这一切的发生不能没有驴。那个恭顺、受到不公平蔑视的动物成为理念的载体，蒂施拜因书中的“我”用这些理念制订了一项拯救人类，完善自我的救世计划。更多的同情！更多的驴爱！更多的自制！更多的理想主义！从这位反面角色的口中喊出，他太滑稽，成不了一位危险的纯洁纯正狂热的信仰者。没错，他自己就相当像蠢驴，这使事情变得有意思起来。他叫弱者是有理由的，更有甚者，这位弱者有4个弟兄，名叫忧郁者、冷漠者、暴躁者和乐天者，性格的4种基本类型，在相面术历史中这4种性格类型再次发挥重要作用。头脑简单的弱者却原本是个懂事明理、心地善良的人，他跟4个弟兄讲述回忆自己的旅行探险和与驴子的奇遇。蒂施拜因的《驴故事》不仅怀有提升教养和提升人类的使命，还深深地植根于相面术传统之中，就像蒂施拜因自己，他跟相面术家拉瓦特尔相识，既是画家又终生研究相面术。

年轻的弱者为了学会识人，了解世界，便去旅行。就一部长篇小说而言，蒂施拜因对主人公十二站旅行的描述尽管不一定扣人心弦——《驴故事》太耗费小说读者的精力，并且艺术沉思的篇幅太冗长，但他把主人公刻画得层次丰富、性格饱满，读者好似看见这个满怀宗教热情、理想主义和为自然所陶醉的滑稽梦想家就活生生地站立于自己面前。那位只在一开始时显现了一下的无名编辑是这样描述弱者性格的：“在他的观念里为他人工作、创作、募集，为服务他人忘记自我，是最高的德行，使他人幸福带给他纯粹的快乐。给予比索取更幸福是他的座右铭。所以他认为，大家必须从学驴做起，以驴为榜样，因为驴具有不计报酬和答谢地为他人承担辛劳与重担的美德。”

基督教“给予比索取更幸福”的境界在蒂施拜因的驴之友身上以一种可疑的利他主义形式登峰造极。使他人幸福，还不能爱自己，他觉得“报酬和答谢”明显属于过度索取。弱者所宣讲的放弃的确具有某种清苦修行的性质；而且他追求纯洁清白，探求“人的神圣形象”时大多相当固执。谢天谢地，小说尽情地取笑了主人公的理想主义，它关注性格和气质的方式非常现代。在旅行第一站瑞士阿尔卑斯山，弱者就被他崇拜的一只恭顺的驴子淘气地踢到了下腹，以至于数周之后才又恢复健康。

这段驴事件开始时气氛是如此祥和。在弱者歇脚的第一站，他散步走进店主家的马厩，发现那儿有5头漂亮的驴子，还有位和蔼的赶驴人。他画这些驴子，它们就像窝巢里的5只小鸡，气质各异，令他想到自己和他的弟兄。没过多久他就被一头可爱的小驴踢伤到昏厥过去。他的处境特别危险，因为赶来的店主和请来的大夫们想要骗这位看起来富有的异乡人。一位好心的牧师救了可怜的弱者，护理他直到康复。

5头驴，它们令弱者想到自己和他的四弟兄。约翰·海因里希·威廉·蒂施拜因（1751—1829）画作：《窝巢里的驴》

蒂施拜因是首先在脑子里有了5头驴子的稀奇画面，然后才想出与它们相配的弱者故事来的吗？还是讲述起来很滑稽的那一章其实是他的合作者亨丽埃特·赫尔梅斯的主意？我们不得而知，关于《驴故事》来源的许多事情仍然不清楚。有关驴子图画和配文历史学家、歌德研究者罗伯托·察佩瑞(Roberto Zapperi)坚持认为,“1789—1799年期间”蒂施拜因就已经开始“这项工作”。但是许多图画明显只有通过文字描述才能明白,没有五兄弟的故事,窝巢里5头小幼驴的图画便几近超现实主义的一种结构。

当然,还有一幅画在暗示的丰富性上比5头幼驴这幅更胜一筹:《弱者在罗马平原上》于1799年前后完成,是《歌德在罗马平原上》完成12年之后的作品。在罗马平原上骑驴的弱者若有所思地望着田野,每一位有责任感、爱教训人的妇人都会立刻责备他姿势不雅。其实他看起来一点儿也没有不满足的样子,这个耷拉着腰身的人和他那耷拉着耳朵的驴子一样没什么不满足的。

你盯着这讨人喜欢的傻瓜越久,他回看你的目光就越熟悉、越当下。要是他哼一支歌,也许会哼《我是个失败的婴儿,你为何不杀我》,或者甚至哼《幸福是把温暖的枪》,因为原来他的武器似乎就是他真诚的仁德。你感觉到他欣然默许自己耷拉着腰身。你只需撇开那个时代的绑腿和男士小礼服(甚至可以保留棒球帽和蓬乱的头发),耷拉着腰身者的原型就在眼前了,他的被动和忍受苦难的意愿开辟出一片无边的模糊地带，似乎看得出被动中带着种满足。弱者不是个主动行为者，虽然他钦佩行动者的世界。而被动徽章的另一面是忍受苦难的问题。整页的篇幅讲弱者由于同情而忧虑，当看见那头“善良、可怜、受到虐待的动物”挨打，例如在那不勒斯被小男孩们抽打时，他热泪盈眶。痛苦和同情的界限变得相当模糊。

谁把世间一切苦难扛在自己身上？是永远在同情他人的弱者，还是那只不得不把移情过度的瘦高个儿驮在背上的驴？弱者是因为从一开始就从驴身上看到了自己，而对驴这个“天生的忍受者”充满同情，还是驴才让他看清楚这个世界腐朽的结构？对此他愤慨地用理想主义加以抵制。所有这一切都无法判定，因为两者早已长在一起，成为一个虚弱的动物—人类—同情—有机体，甚至在颜色和形象上相互混同。弱者看起来确实也像他的驴：骑驴人像驴一样噘着个嘴，目光镇定而无神，鼻子模仿驴的长脸形，甚至把龟甲式便帽斜戴着仿效歪着耳朵的驴。文艺学家克里斯蒂安娜·霍尔姆（Christiane Holm）注意到蒂施拜因有可能依循了拉瓦特尔的《相面术断简残编》（*Physiognomische Fragmente*）。在《人与动物》（*Menschen und Thiere*）这篇未完成的作品里，拉

不能没我的驴。约翰·海因里希·威廉·蒂施拜因画作:《弱者在罗马平原上》

瓦特尔附上了许多张根据吉安巴蒂斯塔·德拉·波尔塔的阐述制作的动物与人比较的铜版画，其中也有驴脸型人像。在拉瓦特尔这里的驴型人脸比在德拉·波尔塔原作里的驴型人脸骨头要突出得多。

《弱者在罗马平原上》其他可能的画面相似处要难解得多。在绘画《歌德在罗马平原上》10多年后蒂施拜因来画他的骑驴人，但单看罗马平原这个背景，两张画像的相似性便很突出。例如，背景里的塔状建筑跟赛西莉亚·梅特拉（Cecilia Metella）的陵墓相似，歌德那张画像上也能看到。还有高架引水渠，在歌德身后只是一截废墟，在弱者画像上再现是穿越画面的一长段。高贵的歌德坐在一块方底尖顶的石碑上休息，而滑稽的弱者屈身坐在一头驴背上。在《驴故事》里人们还了解到他的内心状况，因为编者告诉大家："扉页的铜版画表现了作者本人。他骑着驴子行走于罗马平原之上，眼见许许多多的引水渠，惊叹罗马人必定经历过大旱之灾。他想到一个个国家被那征服欲熏心的民族侮辱或灭亡前曾有多少人头落地鲜血横流，不禁痛苦万状。他难受的姿势即源于此。"

面部表情可以猜测，骑驴人的内心不是暗自轻快，而是仍感到无声的悲哀，世间的愁闷再一次向他袭来。但我们知道，这样一个弱者也懂得自我安慰，用艺术，用他的幻想和他的滑稽。在创作诗歌之王的油画12年以后，蒂施拜因是否想要拿自己和歌德寻一下开心？我承认这纯属推测。在明显相似的背景前面悲喜剧的弱者显得像是对过去的一个注解。他，受到历史不公正对待的、可怜的傻瓜回顾历史。

从蒂施拜因的驴画像回到他跟亨丽埃特·赫尔梅斯一起创作的驴故事上来：其余的叙述同样激动人心，感情起伏，最后一刻往往还转向滑稽。一头超负荷驮着儿童的驴精疲力竭地跌倒在地，搅进一场十分大众化、十分意大利式的村民争吵。杯盘碗盏碎一地，拳头飞舞，当驴看起来像伤重致命时，人们惊愕万分。那看起来像涌出来的内脏的东西，结果却证实并无伤害和危险，只是掉落在驴肚子上的通心面。或者病驴的故事：一头年老垂危的驴子拉起绳子敲响了一座修道院的大钟，修道士们赶来，照料驴子直到它康复。奇迹一桩！但这头动物几十年辛苦劳作，人们不假思索就把它遗弃了，这也是一种耻辱。教士给村民宣讲关于罪孽的教义，所有人大哭，想请求驴子宽恕。一位老妇人激动地说，她自己的境况就跟驴子一样，当她老了病了，就被打发走了。不过到底谁的痛苦更甚，是驴子还是老妇人？

谁要是提一个现代的问题——弱者是怎样处理爱动物和爱人类的关系的——会一再发现有趣的线索。这位漫游者在维苏威火山附近路过一家采石场，里面一长队驴子正驮着重物在卖苦力。“这些可怜的动物受这种折磨真是太可怕”，这位同情者脱口而出，一位老妇人却说：“哎，要不说它们是驴呢，要是驴不驮石头谁驮呢？难道羞于乞讨的穷人日子就比它好过？”弱者激动地说：“不停地劳作是穷人的命运，他们的汗水仅仅换来富人的蔑视和低微的报酬。幸运之子身旁是一幅多么悲哀的景象！为什么独独那些人要接受苦命？”

颇有意思，这位漫游者大概发觉了，并非只有驴子受苦，这个那个被奴役的人也受苦。可他并没有产生反对命中注定的贫富分配的想法，在这方面他太讲求基督教的慈悲，基督教的慈悲并不真的要推翻社会现状（至少是弱者所支持类型的社会现状）。另一个故事里，阿姆斯特丹大街上乞讨的妇人在唱“只让慈爱的上帝统治”。单个穷人必须帮助，但弱者远没有质疑制度的问题。他更多是在琢磨气质和性格的差异。面对世间的苦难为什么有人无动于衷？有人却拍案而起？其他人则盛行享乐主义？每个驴故事之后，他都跟个性不同的四弟兄一起讨论这些问题，四弟兄给出的评论符合他们各自的性格。忧郁者唉声叹气，暴躁者摩拳擦掌，冷漠者无动于衷，乐天者快活平静。

那主人公自己呢？他从每一个弟兄那里都领会了一点（除了暴躁者的好攻击性），尽管世间悲惨，他仍然还是做他正直天真头脑简单的笨蛋。他是诚实和正直的完美化身，这也是拉瓦特尔在他《相面术断简残编》里所全力主张的，还因为这种天真单纯含有一种市民自卫的纲领。面对宫廷的伪装术人们极力拥护简单的心灵，真实的感情，自身的、不加伪装的存在。一个好市民无须掩饰隐瞒什么，相面术象征的解释术也传递这种信息。

正直、真诚、高贵的单纯、追求美德，简而言之，弱者蠢驴特性的正面理解，绝对是市民纲领的一部分，同时也是问题的一部分。与宫廷假象和伪装术划清界限的诚实和真实无论如何需要追求，然而弱者的羞怯可能过了一点头，这追求同时也超出了市民能做之事的界限。非贵族之人虽然拒绝宫廷不对称的社会结构，毕竟受到禁止过于坦率直言的各种从属关系的制约。

文艺学家乔治·施塔尼兹克（Georg Stanitzek）在对“羞怯”（Blödigkeit）这个词概念史的梳理中正是研究了18世纪个体面临的这种无解的矛盾[1]。一开始Blödigkeit这个词——跟今天的Blödheit（痴呆、低能）一词不要混淆了！——显得像是某种胆怯、畏惧和害羞。羞怯之人用来专指那些具有“农民的害羞”和“人前胆怯”特性的人。羞怯是（政治）机智的反义词，但渐渐地这种对比也成了问题。因为这种机智在市民看来越是有谋略、有算计、使用权术，就越可疑。总之，伪装和假象，社会的阴谋在新的市民行为风格中不再占有位置。施塔尼兹克认为，所以“毫无保留的真诚”和朋友之间一种“温存、平等的交往”成为理想。羞怯又再次成为问题，因为有所专指的羞怯之人无法满足这种美德理想的要求。就像忧郁者，跟毫无保留的坦率集体保持过大距离并不被认可。

蒂施拜因活着时所钦佩的相面术家拉瓦特尔也跟羞怯纠缠不清。羞怯之人腼腆胆小，他低垂着目光不露情感地言说常常像不实之词和伪装。拉瓦特尔叹惜道，“噢，胆小和

1 指坦率真诚和羞怯之间的矛盾。——译者注

羞怯之人！你比自私自利之徒和坏心肠之人显得更像虚伪者和伪善者！”施塔尼兹克概括说：“羞怯就这样搅乱相面术确定性的规则。”

那么蠢驴似的弱者呢？“他太羞怯，简直是太羞怯”，一位意大利贵族妇人讲到弱者时不无惋惜，她几乎有点爱上那位苦思冥想的艺术家的“真诚灵魂”，可是他的羞怯让她却步。偷听到这一切的弱者得以逃脱那位不可爱的女子，不禁欣喜。他只想要公主，想象一番，跨上驴子，一溜小跑走了。完全那么羞怯，他倒也不是。

关于迟疑

——智慧的站住不动的驴子

一头驴，两堆干草，悬而不决。比里当[1]的驴子的哲学比喻断言，驴站在两堆同样大小、同等距离、同种类型的干草前必定饿死。在两种绝对等值的选择可能性面前无法做出选择。在干草堆幌子的后面还有接下来的说法，即驴子是种做不了决断的东西。比里当驴子的比喻尽管取自14世纪经院哲学家让·比里当的名字，却从未以此种表述在他的著作中出现过。据说驴子的比喻是怀有恶意的同行们为使比里当的在他们看来不太站得住脚的见解显得可笑，而强加给他的。

为何恰恰是驴子在两堆干草前无动于衷，这大概要归因于已经提及的、驴子进化条件决定的行为方式。家驴的非洲祖先源自炎热的沙漠边缘地区和山区，在那里慌乱的逃跑不一定有益。“在干旱、几乎或完全寸草不生的炎热地区大敌当前时逃跑大多没有意义”，驴专家乌尔夫·G.施图贝尔

1 让·比里当（Jean Buridan，1300—1358），法国亚里士多德学派哲学家、逻辑学家和光学与力学方面的科学理论家。——译者注

格（Ulf G. Stuberger）写道，逃跑可能导致由循环系统衰竭引起的死亡，还有就是，某些瞄准驴的猛兽“由于眼睛结构的特点和基因决定的感官感觉，只辨认得出活动的目标猎物”。这“导致了猎物实用的自我保护机制：站住不动”。

在一味追求行动的欧洲人眼里，驴子作为站住不动的动物势必就被贬低了。哲学家朱塞佩·普利纳（Giuseppe Pulina）在他的《驴子和哲学家》（*Asini e filosofi*）一书里解释说，在两堆干草面前饿死的比里当的驴子主要说明了一个中世纪的逻辑问题，而现代的逻辑学家却提供了一条出路：“为在同等价值的可能性面前做出一种选择，事实上唯一有意义的方法是随机选择。”这种随机也不是总能帮到现代的站住不动者，就像在14世纪里一样，他们为此受到讥笑。与不决定相伴而生的一个心理问题是，一种对不行动、对迟疑和无决断根深蒂固的不信任。三个含义不同的概念，却由于都放弃主动性而联系在一起。例如附着在站着不动之上的不主动和迟钝几乎总是被打上负面的标签，却建立在一种影响很大的误解之上。因为“不”并不一定就是“什么也没有”。不往前走的驴子也“做”点事，即保持站立；不吃干草的驴子可能在消极抵制自作多情的决定者强加于它的测试。

借用赫尔曼·梅尔维尔(Herman Melville)的短篇小说，也许可以说驴子就是动物中的巴特尔比。温顺的书记员巴特尔比用“我宁愿不”这句套话使自己渐渐完全地从抄抄写写中抽身而出，那是他在文书处原本必须完成的工作，以此来抵制一种异化生活的无理要求。他就用站着不动的方式来消极抵抗，或者更确切地说坐着不动。他不再离开自己那间单调无聊的办公室，直到被投入监狱，最终死在狱中。但此前他长时间成功地与那份危险的工作保持了距离。“只有通过他延迟旋转来保持每个人的间距他才能活下来”，吉尔·德勒兹(Gilles Deleuze)谈到巴特尔比和他那句精妙的套话时写道。我们也可以说驴子与此有相似之处，它既不抗拒也不继续做。

从哲学的视角出发，也许几个世纪之久被人错误解释和贬低的驴子站住不动也还该有另外的理解，即理解成迟疑。迟疑也已被醉心于行动的实干家们败坏了名声，因为它妨碍了目标明确的、没有障碍的行动。而传媒学家约瑟夫·福格尔(Joseph Vogel)在他题为《关于迟疑》(*Über das Zaudern*)的杂文里把迟疑确定为介于决断和不决断之间的主动停止，由此赋予了迟疑一种完全不同的品质。他还写道：“迟疑像影子伴随着行动和完成的要求，像把自己引向毁灭的敌人”。当今所要求的“机敏应答”容不得迟疑者。

所幸始终还有人为被动、站住和放弃决断而辩护。早期浪漫主义诗人如诺瓦利斯（Novalis）、迪克（Tieck）和施莱格尔（Schlegel）兄弟都反对过启蒙坚定不移的要求[1]，他们从美学和伦理学上对不决断、被动和一时的兴致做出了新的判断。例如诺瓦利斯写道，“被动并非如人们所认为的那样可鄙”。文艺学家米夏埃尔·甘佩尔（Michael Gamper）解释了被动“在主客体相互确定的过程中”如何“变得跟主动一致”。甘佩尔认为弗里德里希·施莱格尔的长篇小说《卢琴德》（*Lucinda*）是对明确的意图和目标遵循及面对世界积极采取行动的一种坚定拒绝，同时是对忘我状态和无意识下创造力的一首颂歌。可惜我们不知道施莱格尔、诺瓦利斯或迪克怎么看待驴子。对所有试图阻挠越来越高效率行动的笨猪似的奔跑的人们而言，驴子可是能够以站住不动的特性充当一位杰出代表的。

1 指启蒙时期通过理性思维认识和改变世界，即在自我理智引导下果断行动的要求。——译者注

似乎被动的坏名声和驴子的坏名声始终互为因果。蒂施拜因的《驴故事》最清楚地表明，尤其吃苦受累这个特点（也属于被动性的逆来顺受）却没有被人拿来跟驴子联系在一起。让别人打的人基本上会受到双重的惩罚。首先是棒打本身的惩罚，然后还有想象带来的惩罚，即以为忍受棒打也意味着一种默许。这开始时会减轻棒打者的罪责感，可终究却令其不安。为驴辩护的博物学家们，尽管只是半心半意地，指出一种悖论。驴是种绝对有用的动物，但恰恰由于忍受得太多，它不仅被人榨取，还受人嘲笑。看来完全的无私无我真不是良方，蒂施拜因的主人公懦弱者就因此使自己像驴一样。

无决断和被动不过是从哲学角度附会在驴身上的两种名声不好的特性。比里当饿死的不决断者的比喻也许是最有名的例子，却只是驴子魅力长长链条中的一节。在哲学家看来，驴是种几百年来兼具完全不可思议的吸引力和推斥力的动物。并且不是尽管，而是恰恰因为驴的所谓的愚蠢、被动和不能决定，人们是否推测驴身上体现了绝对的对立面？或者反过来，按照我知道我一无所知的原则在驴身上看清了自己更甚的愚蠢？或者聪明与愚蠢、主动与被动的对立二者在这个模糊地带是否同时存在？不管怎么样，看来有转变能力的驴给一切可能性提供了理想的投影面。

从马基雅维利、乔尔丹诺·布鲁诺到尼采《查拉图斯特拉如是说》中的驴，再到德里达的《我所是的动物》(*Das Tier，das ich also bin.*):驴的颂歌、驴的侮辱、与驴对话和为驴辩护贯穿于哲学之中从未中断。预计一下，最终亲驴派会更强大，虽然尼采的反驴运动毫无疑问很有分量，并且再一次地，也许是最后一次地把驴钉牢在他基督教挑夫和只盯着地看者[1]的角色上。

哲学对驴有怎样的好奇？为什么恰好在文艺复兴时期盛行称颂和捍卫驴子，而与此同时相面术家和自然研究者们却在继续书写着这个愚蠢、固执，却又能忍耐、吃苦的动物，一句话，这个有用的笨蛋不一致的传说？例如马基雅维利1517年未完成的讽刺诗作《驴》(*L'Asino*)完全遵循古典时期的样板。就像阿普列乌斯《金驴记》里第一人称叙述者卢修斯变成了一头驴，马基雅维利作品里的“我”也讲自己经

1 意为目光短浅者。——译者注

他指的是谁？纳达尔[1]（1820—1910年）的“读书的驴子”。这位法国摄影家和画家同时也是位有天赋的漫画家

1 纳达尔（Nadar）是戈斯帕德-费利克斯·图尔纳雄（Gaspard-Félix Tounachon）从事漫画创作时的笔名。——译者注

历的变驴记以及人的天性。他以逗乐和讽刺的方式评论人的天性。与堕落的人们全然不同，有性爱才能的“驴我”在私人生活里，在一位“留着金色披肩发的”女人那里找到自己的幸福。马基雅维利对16世纪佛罗伦萨的政坛大概不无失望，但他的人类学思想却不那么太悲观主义。海因里希·科尔内留斯·阿格里帕（Heinrich Cornelius Agrippa），人称阿格里帕·冯·内特斯海姆（Agrippa von Nettesheim），同样表示出对驴的称道。他1530年发表讽刺作品《科学的未知与浮华》（*De incertitudine et vanitate scientiarum*），抱怨了科学的浮华和诡辩的狡诈。其中一章《称颂驴子的题外话》（*Ad encomium Asini digressio*）用柔和的逆光展示了驴子的形象。正因为它不是被教坏了的自以为是者，它懂得的比所有其他人都多。“普普通通、不懂世故的人”就像单纯的驴，“看得见由于掌握多门科学而堕落，并声称大师的人所看不见的事物”。这么说来愚蠢便是新的智慧。我们无法苟同。

而乔尔丹诺·布鲁诺（Giordano Bruno）所持的立场完全不同，因为他念的驴经不只是一种为驴“单纯”所做的温吞吞的辩护。由于其极端的态度激起宗教法庭和世俗法庭的不信任，1600年这位哲学家、僧侣、科学家和宗教批评家被架在柴堆上活活烧死。布鲁诺认为宇宙无限，质疑地心说的宇宙观。（此外他还怀疑圣母崇拜和天主教神学的三位一体说，在流亡欧洲的漫长漂泊中他证实了自己的战斗力。）

他1585年写的讽刺对话《飞马的秘密》（*Die Kabbala des Pegasus*）包含一节《库勒涅山驴之供认》（*Zugabe des Kyllenischen Esels*），用许多反照和反转探询愚蠢和博学。驴在这场对话中既为知识也为无知担责；它体现了布鲁诺认为至关重要的世界变化无常（vicissitudo）的认识。变化的法则和多样性的统治地位是布鲁诺哲学的基本原则。没有静止的事物，万事万物都处在不断运动之中，这也是几乎不会令16世纪晚期的宗教权威中意的认识。哲学家努乔·奥尔迪内（Nuccio Ordine）在他刨根问底的科研论文《乔尔丹诺·布鲁诺与驴子的哲学》（*Giordano Bruno und die Philosophie des Esels*）中指出，驴主要因为变化的原则而最适合于布鲁诺的作品。几乎没有任何一种动物像驴那样引起矛盾感情，它在“慈善/凶恶、坚强/顺从、知晓/无知这些矛盾对立面之间摇摆”，并因此被布鲁诺视为“矛盾统一体理想的象征”。奥尔迪内在矛盾统一中看到了布鲁诺哲学的转动点和支点。按照泛神论的思想，高级的与低级的、动物的与人类的、上帝与人间、造物主与创造物之间均相互渗透。一种更进一步的变化理念，对此，固定不变的宇宙观的维护者们不可能容忍。还因为布鲁诺笔下的驴带有“库勒涅山”的定语，指向信使神墨丘利，即希腊神话里的赫尔墨斯的诞生之地。赫尔墨斯出生在库勒涅山上，同样代表一种极其多变和阳物崇拜的自然界。

由于变化的法则同时包括人和人的立场在世事运转中一样可能自行变化，例如通过不懈工作和勤奋研究，也正因为此，驴成为布鲁诺所偏爱的象征动物。库勒涅山的驴说“没有通过努力克服不了的事情”，驴顺从地一直干活，“对它来说蓟草和生菜没有区别”，布鲁诺正是从中看到这个驮重动物积极的性格特点。像一头驴那样干活的人可以拯救自我，他必须自己创造幸福：“中世纪的人十分惧怕命运之轮，忙碌竟能对它产生影响”，奥尔迪内写道。他还指出，在布鲁诺的哲学大厦里人不再是消极的受害者，驴也一样。

尼采的观点全然相左。在布鲁诺提升驴的价值足足300年之后，不仅人的形象，而且驴的形象也都变得十分阴暗。很明显，不过一头平民的牲口和驮重动物，还背过基督教救世主，不一定入得了尼采的法眼。人们清楚地看出哲学家对驴持敌视态度，这种敌视相当的错综复杂。

就从尼采否定驴的一个高潮说起：在《瞧！这个人》（*Ecce homo*）里尼采写自己，其中也有指控自己的段落。“我是杰出的反驴者，因而是一头世界历史的猛兽。我代替耶稣基督行道，不仅仅代替，而是也反对耶稣基督……”尼采不但把反驴和反基督结合起来，还让驴显得像是永恒的应声虫。在《查拉图斯特拉如是说》第四部分里驴频频登场，不过哲学家主要在强调他作为驴对立面的立场。在说自己是反驴者以前，他给出一个自己长相的相面术提示：“我们大家知道，一些人甚至从自己经历中知道，长耳朵指什么。好吧，我敢说，我有着最短的耳朵。”

尼采作品里的动物统统都具有寓言和象征意义。谈及耳朵，哲学家还追溯到相面术的一个成见。传统意义上长耳朵代表有可能被其他动物吃掉者的谨慎、胆小和愚笨，尼采一直把长耳朵跟听话服从、谨小慎微的道德教师类型联系在一起，在其他地方他称说教者“我的长耳朵和有道德先生”。与此相反，他把自己视为短耳朵。超人的宣告者想要克服基督教虚假的道德，终究它只按习俗、按有用和无用来区分善恶，并不公开这种区别。长耳朵对一切都说是和同意，有着最短耳朵的反驴者则要克服柏拉图—基督教的形而上学。

然而老的形而上学证实是黏稠坚固的，即便那些查拉图斯特拉满怀希望集拢于身边的后来的人，也都几乎因它而失败。在《查拉图斯特拉如是说》第四部分里他逮住了正在祷告的他们："它承载着我们的负担，它呈现出奴仆的形象，它发自内心地忍耐，从不说不字。爱主之人责打它。—— 而驴就叫声咿 —— 啊。"

由于驴对所有事始终都说是，是尼采眼中流线型的随大流者。它的愚蠢主要也表现在它的无抵抗和适应上。哲学家约尔格·萨拉夸尔达（Jörg Salaquarda）指出，尼采这里的愚蠢形式不太代表民众（绝大多数尼采阐释者把驴理解成必须战胜的乌合之众的象征动物），驴更多地指代那种已经僵硬化的"确信"形式，一种"对各自眼前事不加思考的忍受"。确信最终导致尼采欲扯下其面具的形而上学的信念得以继续存在下去。

尽管如此疑问还是存在，为什么在其他段落驴有聪明之说（例如在《查拉图斯特拉如是说》中说有名的智者"像驴那样固执和聪明，你们曾始终是民众的代言人"）；为什么在价值重估者的著作里相反地也有"装腔作势的聪明"的表达形式。萨拉夸尔达解释说，尼采做一种错综复杂的愚蠢和

尼采会把这头驴贬低为永远的唯命是从者吗？
明显可见：背部和肩胛上的鳗鲡鱼纹十字直到近代早期都被理解成是对基督骑乘动物的授奖

聪明之间的字谜游戏，因为有一种心目中总是只想到自己利益的低级聪明，一类从来也不让自己做无用之事的算计性思考。较高尚的人同时也是非理性的人：“高贵大度的舍己为人者实际上受本能的驱使，关键时刻他的理智歇息。”卑鄙之人，大概可以这么改写成现代表述，没有够的时候，不晓得赠予，不懂克己为人，不怀不实际的憧憬。这使他们，今天也仍然如此，成为一个彻彻底底最优化的幽灵。

遗憾的只是，尼采把这种算计的、醉心于利益的精明跟驴等同起来。驴本来更该归入大度的梦想家一侧，归入嘀嘀嗒嗒走起来把算计的思考留在身后的无用之人。吉尔·德勒兹，动物形变的狂热爱好者，也不拯救驴。他解释说，在尼采这里驴是头基督教的动物，“它把最重的担子扛起来，并背负否定的结果，似乎在这些结果里绝对包含了肯定的秘密”。驴的唯命是从并非狂热的赞同，因为它不会说不。那就只剩下猜测 —— 尼采从未亲自认识过哪怕一头活生生的驴。为什么即使不亲自认识马他也可能搂抱马呢？其实驴会更配合，就不做对马不公平的评价了。

驴梦。约翰·海因里希·菲斯利：泰坦尼亚醒来，被伺候他的仙女围绕，心醉神迷地偎依着驴首人身的波顿（1793/1794 年）

形　变

——从人到驴和从驴到人

在莎士比亚的《仲夏夜之梦》里，提泰妮娅恢复清醒的理智后说“我感觉一只驴俘获了我的芳心”。而策特尔，她的驴首情人，同样也以为自己只是在梦境中成为了驴子。形变是人类愿望的打造机，在能拉下操纵杆，把一切解释成创想时它们美妙无比。在猎人、收藏家、农夫和畜牧者眼中动物的力量首先是魔鬼般疯狂的，是种必须祛除、吞噬或者转移的力量。研究驴的史学家马丁·福格尔（Martin Vogel）指出，北非游牧民族以驴皮为衣。几千年之后哲学家德勒兹和加塔利（Félix Guattari）把“变成动物”作为解放来赞美，这里主要是指一种美学上的解放。德勒兹和加塔利认为，像卡夫卡这样的作家创造出一种以形变逃离现实的方式，通过这种方式人们得以超越一种陈旧的人的形象。而具体选择哪种动物，对这两位哲学家而言也相当重要，在他们合著的名作《千高原》（*Tausend Plateaus*）里狼或者昆虫成帮或成群地出现。家畜对他们来说过于有依赖性，也许正是出于这个原因，驴虽然具备了成为变形载体的条件，却不被两位哲学家所看重。

驴是具有双面性的动物。这一点不只表现在古典时期人们所不齿的驴的旺盛性欲和基督教对它受苦的赞美之间的对比上。有关驴的所有老套说辞在历史长河里不断反转：文艺复兴时期的相面术家在驴耳朵、额头和嘴唇上看出它的愚蠢来；像乔尔丹诺·布鲁诺那样的哲学家则把臆想的愚蠢解释成了驴的聪明；近代的动物学家虽然称赞驴的承受强度，但在它呆滞这个特性上却看不出它有什么好来；布丰保护它免于被人说成只是种退化的马，不过是为了保持上帝所造生物的纯正。好好坏坏、坏坏好好的声誉，一个绝无仅有的灰色地带，其中没有任何说法没被否定过。单单在文学里驴的待遇明显更好，古典的驴势力在这里延续了几个世纪。

这一切始于阿普列乌斯和他的《金驴记》。《金驴记》是最早期的长篇小说之一，也是最近2000年中最滑稽、最浪漫、最有影响力的长篇小说之一。公元170年前后，阿普列乌斯不是以诗体剧的形式，而是以散文小说的形式写成了《金驴记》。该书以第一人称叙述了主人公由于疏忽变成一只驴的故事。小说成名时叫《形变》(*Metamorphosen*)，阿普列

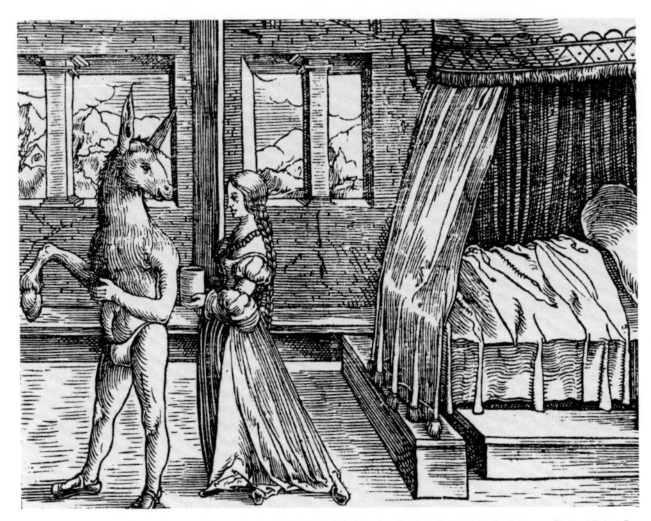

是驴而不是猫头鹰。卢西安的情人给他的魔膏却没发挥作用。《金驴记》1583 年德文版译文附注道："为此二人叹息又哭泣。"

乌斯也以此暗指了诗人和变形专家奥维德[1]。他取材于希腊作家卢西安和他的讽刺性的驴故事。

第一人称叙述者卢西安（跟他所参照的希腊作品作者卢西安的名字相同）从一开始就以明显有进取心的形象出现。他的情人向他透露，她的女主人每天晚上抹一种魔膏变成猫头鹰飞走，他想立刻在自己身上试验这种形变。可卢西安没

1 奥维德（Publius Ovidius Naso，公元前 43—公元 17 年），古罗马诗人，德文名 Ovid。——译者注

有变成猫头鹰，而是变成了驴。在吞下会把自己变回原形的玫瑰花之前，他被强盗劫持，不得不过上充满坎坷的驴的生活。他拉货，被赶驴人抽打，好几次差点被宰杀。透过动物的眼睛他看到一个恐怖的人间，用他所珍视的长耳朵他远远地就听到出卖、恶语和欺骗。

驴亲眼看见“叙利亚女神”的托钵僧——阉人和异装癖者——这些骗子怎样从轻信者口袋里骗钱。表面上如此贫穷的教派穿着藏红花色法衣四处化缘、吟唱、胡言、极度兴奋地鞭打自己，然后挥霍掉为女神的捐款。拉磨时他听到磨坊主的妻子如何欺骗磨坊主。在一位富裕、有动物恋癖的夫人家里驴暂时感觉不错，可他为夫人柔弱的身子担心。他怕自己“长长的篙杆腿”伤着她，也不敢用自己“方石块状的牙齿”去亲吻她。他想知道，驴的阴茎对人体来说是不是过于粗大。但他的担忧纯属多余。“尽管为了不刺激她我经常把屁股往边上挪，可她却以一股不可抑制的冲动凑上来，搂着我的脊柱，紧紧地拥抱我。”这一夜后随之而来的是进一步的奇遇，逃离，最后获救。女神伊希斯让他吞食玫瑰花，他变回人，做了伊希斯的教士，过上幸福的生活。

卢西安做驴时讲述的故事用了不同的修辞手法。主要的讽刺情节来自大量的趣闻和寓言。爱神和普塞克的童话在《金驴记》以外的地方已尽人皆知。这部历险小说在滑稽的同时显而易见地关注人灵魂的堕落。这头叫卢西安的驴子对人类的邪恶既感到好笑又感到震惊，他通常只能以嘲笑的口吻讲述。当然，这头公元170年前后的驴子的形象也不高大，不过是个不得不在最底层辛苦劳作的动物，有一顿没一顿的。他虽然曾有几次进入上流社会，饮食无忧，皮肤变得柔滑，皮毛开始闪现光泽，但大多数时候他周围还是些毛发蓬乱、身上青一块肿一块、被抽得血迹斑斑的瘦马，他同情怜悯它们。

这头驴子明显不蠢，相反他聪明，最主要是他充满好奇。他觉得驴子的衣服就像贴身缝制的一样，作为人的卢西安大概也因为这个原因变身为一头驴。好奇和滑稽可笑既适合人类讲述者也适合动物。教士的结局是否该理解成人性的净化和人类好奇心的释放，在接受史里存在争议。可以肯定的是，这出驴闹剧在欧洲文学中发挥的后续影响清晰可辨，它体现在从薄伽丘到塞万提斯再到格里美尔斯豪森的作品中。不过很少有像《金驴记》（和卢西安希腊文的驴故事）那样赤裸裸的揭示。几个世纪之久再没有一位作家像阿普列乌斯那样具体详细地刻画人驴形变。古典时期赤裸裸的描述转化为暗示和双关，比如莎士比亚作品的处理手法。

莎士比亚把仙女和驴子之间发生的故事安排在一出介于幻想和现实之间的二维三幕戏剧里。在《仲夏夜之梦》这出戏中一群工匠为了给提修斯和希波吕妲的婚礼助兴而排练一出剧，在雅典城外的森林里工匠们卷入仙王奥布朗和仙后提泰妮娅的争吵中。浦克，魔力附身的精灵，趁提泰妮娅睡着的时候往她眼里滴入一种花汁，花汁会让她爱上醒来后第一眼看见的任何一个人。她的目光落到工匠——当时驴首人身的策特尔身上。另一场精灵的恶作剧。迅速坠入爱河的提泰妮娅倾慕驴人，驴人却不知自身的变化。

在所有形变倒退回去，秩序几近重新恢复以后，困惑不解的策特尔寻求自己短暂变驴的解释。“我做了场梦，梦到讲做过的梦的笑话。如果谁掏空心思去释这个梦，他就只是头驴。我觉得我似乎是，没人能说清，是谁。我觉得我是，我觉得我有……”这个刚才还是驴的男人结结巴巴地说。他短暂的形变成为梦，也许还要成为文本，因为策特尔考虑让人把他的驴故事改成叙事诗。

关于幻想与现实、戏剧与世界的相互作用，莎士比亚借策特尔扮演者的口说出了极妙的话。英语原文的含义还更多，因为原文里策特尔叫“波顿”（Bottom），可以意译成“地面”、“底部”或者“屁股”。关于他未来的叙事诗，这位波顿用英文说了一句闪光的话：“可以把它称作‘波顿的梦’，因为它‘没有波顿’，也就是无底的、深邃的，或者因为它以梦的方式使自己远离了现实的底部和地面。”在仙女和驴子之间发生了什么，是做的梦还是虚构出来的，《仲夏夜之梦》里没有交代。

在形变上人类史前史和古代史积累了哪些经验，对文学而言其实并非至关紧要的事。如果虚构必须要有“现实的基础”，便失去了它们美妙的深邃性，莎士比亚剧中的策特尔暗示了这种深邃。固然过去和现在都有坚持探究文学形变真相的解释。研究和分析动物恋癖有罪性或合法性的刑事人类学家和犯罪学专家，反复仔细地梳理文学作品，以从中找到证明材料。犯罪学专家汉斯·冯·亨蒂希（Hans von Hentig，1887—1974）——更为知名和更具争议性的教育家哈特穆特·冯·亨蒂希（Hartmut von Hentig）的叔叔，在

1960年发表了关于《动物恋癖倾向的社会学》(*Die Soziologie der zoophilen Neigung*)研究的小册子，不仅收集了来自经验的数据和法律史的事实，几乎在出版物的整个前半部分里，冯·亨蒂希详细研究了神话、童话和文学里的形变。谈到莎士比亚变驴那出剧作，犯罪学专家写道："剧中动物恋癖特征喷射出明亮火花噼啪作响，沉闷夏夜和遥远神话的气息像一层面纱铺展开来。"

那么从文学到权利只需一个小小的跳跃。20世纪中期动物恋癖就已进入公众的视线，而不仅是刑法专家的视线，直到60年代自由化阶段它都被称作兽奸。阿尔弗雷德·金赛(Alfred Kinsey)引起轰动的、1955年也以德文出版的性学研究报告透露，跟动物的性交比人们所认为的要频繁得多得多，并且绝对不只局限于地广人稀的地区(传统的成见是，牛多人少的地方出于代替性满足性欲的原因更常出现人与动物之间的性交)。汉斯·冯·亨蒂希也援引金赛的统计资料，同时仔细梳理了从刑事人类学家凯萨·龙勃罗梭(Cesare Lombroso)到性学研究者马格努斯·希施费尔德(Magnus Hirschfeld)的较早的犯罪学文献，以搜寻有用的素材。他总结说，主要是牛、狗和马成为"具有兽奸气质者"的泄欲对象，通常驴也被用来泄欲。这位犯罪学专家引证一位动物恋癖者，据称优先选择驴是因为这种动物“身体结构更好”。

荷兰作者米达斯·德克斯（Midas Dekkers）1992年发表分析家畜与动物恋癖的《可爱的动物》（*Geliebtes Tier*）一书，描写“一种密切关系的历史”（*Geschichte einer innigen Beziehung*），这是该书的副标题。关于驴，这位生物学家和记者记录下一些有趣的细节。在“超常刺激”主题词下——也就是身体部位外形的放大，它激起潜在性伙伴的兴趣——生物学家也讲到对人可能产生影响的动物刺激：“母驴长长的睫毛，母马丰润的臀部，母牛的乳房。”他还提到18世纪修道院题材的驴淫画。

德克斯温和讽刺的状况描述问世20年后形势又发生了明显变化。2012年底德国联邦议会通过一项动物保护法修订条例，明令禁止与动物发生性行为，违者予以惩处。评论家认为，此条例禁止对动物的折磨，由法规的修订他们看到以维护动物尊严的理由惩处非正常性行为的一种努力。法律修订的赞成者认为跟动物的性行为有损动物健康。视角发生转换，由规范—道德的理由转向动物伦理的理由，这里出现一个新问题，最近一再有人指出：从人的角度看当事动物的立场始终有些模糊不清。

还是回到文学，与动物恋癖的法律问题相比较，文学必须提供接近驴的更敏锐细腻的描述。略微提及的阿普列乌斯的《金驴记》、莎士比亚的《仲夏夜之梦》和蒂施拜因的《驴故事》不过是所有最重要的、驴登场的文学作品中的三部。还缺塞万提斯《堂吉诃德》中的桑丘·潘沙（Sancho Panza）和他机智、短暂隐遁的驴子；格林童话里那只听到“哔铃哔铃”就狂吐金币的金驴，以及无数寓言、童话里的驴子，它们跟狮子和其他动物相比境况不总是那么好。诺贝尔文学奖得主胡安·拉蒙·希梅内斯（Juan Ramón Jiménez）的安达卢西亚悲歌《小银与我》（*Platero und ich*）中的毛驴小银；罗伯特·路易斯·史蒂文森（Robert Louis Stevenson）1878年写《塞文山驴伴之旅》（*Eine Reise mit dem Esel durch die Cevennen*），具体说是骑着一只名叫莫德斯提娜的母驴漫游，作家由此带动了现代的骑驴旅游；亚历山大·米尔恩（Alexander Milne）著《小熊维尼》（*Winnie the Pooh*）中的驴子屹耳（Eyore）尽管天生悲观，却表现出机智的特性；还有卡夫卡1911年10月29日做的美妙驴梦，梦里他在苏黎世给一头“像灰猎犬的驴子”供应柏树枝。

这些本不该被忽视的文学作品中的驴至少促成了一部

两对完美组合：雄心勃勃的主人骑着瘦马驽骍难得，热爱自然的贵族骑士骑着恬淡寡欲的驴子鲁西奥。
奥诺雷·杜米埃（Honoré Daumier）：《堂吉诃德与桑丘·潘沙》，1866—1868 年画作

富有启发性的驴电影上映：雅克·德米执导的《驴皮》（*Peau d'âne*），由凯瑟琳·德纳芙（Catherine Deneuve）出演驴皮公主。这部1970年上映，自嘲、梦幻般、多愁善感的轻歌剧影片取材于法国作家和童话收集者夏尔·佩罗（Charles Perrault）的童话故事。类似故事的德语版名为《毛皮》（*Allerleirau*）。讲一个国王在王后临终时承诺，她去世后不会娶美貌逊色于她的女人。丧期过后国王开始相亲，发现唯有

自己女儿与去世的王后同样美丽。

为逃避父亲乱伦的求婚，女儿提出越来越不可思议的要求。最后她提出想要那头名叫“银行家”（传统金驴童话的一种变体）的金驴的皮，这是头给父亲带来大量金钱的驴子。父亲同样满足了这个愿望，女儿不得不逃到一个遥远的王国里，在那里她裹着驴皮当起了猪倌。仆役们称这个头、耳朵和蹄子裹着动物面具，衣衫褴褛的人“驴皮”。但王子发现了这位隐藏的美人，几番奇遇之后成功地娶了她（灰姑娘的一种变体）。她脱下驴皮，庆祝富丽堂皇的幸福结局。

涂抹成蓝色的仆从，涂抹成红色的马匹，雅克·德米用缤纷的色彩来装点这个童话，让·马莱饰演的老国王乘直升机登场，奇奇怪怪的创意。不过最迷人的角色还是凯瑟琳·德纳芙，以一种无比嘲弄般的高雅顶着驴头长耳的一身驴皮。虽然要了可怜的“银行家”的命，但一头驴（或者至少它的皮）还很少发挥过类似的作用。原本该是种屈辱的驴服饰没有侮辱贬低到公主，看来奇特的驴皮她穿着没有不舒服，她不时整理下驴皮，或者捎带正正驴蹄。驴皮很适合于她，穿着它她游刃有余。最可卖弄的是做出来的忘我状态，所以裹着驴皮的德纳芙确实是位电影女神，她意识到变形成驴的潜在力量。

那么驴自己呢？与狗、马、牛或者羊相比，它跟自己的驯养者明显保持着更大的安全距离。它不会被主人当作最好的朋友用绳子牵着，它不会末了被宰杀（如果撇开较少见的驴肉色拉米香肠不谈），它可以保留自己的皮毛（如果撇开凯瑟琳·德纳芙不谈），它不必操着踢踏步子，头上扎着小辫忍受驯兽表演。

它的愚蠢已证实是聪明，它的固执是足智多谋的优雅表现，作为温顺之王它不可战胜。悄悄地它重新评估所有的价值。所以从驴子灵动的V字形双耳上或许能读出许多东西来，尤其是一种胜利的标志。

肖像

肖　像

物种、品种、杂交种

肖像画廊不追求动物分类学意义上的完整性，作者的注意力更多地放在“有故事的驴”，放在其文化史特点，珍贵之处或者反过来放在出了名的品种上面。这里依次编排在一起的物种、品种和杂交种在动物学里同样是需要严格分开的。野驴这个种由非洲野驴和亚洲野驴构成（参见本书第5页及其后页内容）；有别于种和亚种，品种包括饲养的驴，挑选出来的家驴品种会使人对驯养驴的外表形态和多样性有一个印象；杂交种是不同种、亚种或者品种的杂交体，例如驴骡和骡这种交配体是对自然的侵犯。无论野生还是家养，庞大还是矮小，杂交还是纯种，它们都共有一个名称叫作马属[1]。

1　原文此处用了拉丁文“Equus”，包括驴、马、斑马等。——译者注

非洲野驴

学　名：*Equus asinus/afrikanus*
德文名：Afrikanischer Wildesel
英文名：African wild ass

非洲驴或非洲野驴，Equus asinus 或 Equus afrikanus，是家驴的祖先。也就是说，所有被人类驯养的驴都可追溯到这个至今尚存的物种。努比亚野驴、索马里野驴和已经灭绝的阿特拉斯野驴是非洲野驴的亚种。非洲野驴毛皮呈灰色至棕灰色，腹部及四肢颜色呈浅白或接近于白色。特别要提的是索马里野驴的前后肢类似于其近亲斑马长着黑色的条状纹路。其身高[1]介于125厘米至135厘米之间。"非洲野驴最初广泛分布于北非，红海沿岸地带及索马里区域"，野驴专家格特鲁德·登曹（Gertrud Denzau）和赫尔穆特·登曹（Helmut Denzau）这样写道。他们还指出，野驴的数量在过去100年间大幅缩减；随着人类人口数目的增长，越来越多的野驴遭到猎杀，被迫离开自己生存的草原牧场。目前，非洲野驴正面临着灭绝的严重危机。如今仅剩几百头索马里野驴，而对于努比亚野驴的数量人们则更加悲观。一些科学家担忧地表示，这一亚种或许早在数十年前已遭受灭顶之灾。然而据濒危物种红色名单上的附注，20世纪70年代侦察飞机还曾在厄立特里亚和苏丹边境监测到过努比亚野驴。那么40年后的今天它们是否仍旧安然无恙呢？

1　量四脚站立动物的高度只需要计算肩隆与地面之间的距离。肩隆是四脚站立动物肩胛骨中间的脊。——译者注

亚洲野驴

学　名：*Equus hemionus*

德文名：Asiatischer Wildesel

英文名：Asiatic wild ass

亚洲野驴其实也叫亚洲半驴或者 Equus hemionus，得名于希腊语的 hemi-onos。因为一些动物学家认为它们与马的关系更近，因此称其为半驴。而其他动物学家多次建议把这令人疑惑的“半”字去掉，改用类似于非洲野驴这一学名，称为亚洲野驴。其亚种毛皮的颜色呈浅棕色、黄褐色至深棕色不等；腹部、四肢及口鼻部位大多发白。夏天的毛皮颜色又区别于冬天。不同亚种的亚洲野驴身高介于 97 厘米到 138 厘米之间。对于亚洲野驴的分类，在动物学界存在争议。通常意义上来讲，它被划分为如下几类亚种：印度野驴（Der Khur），如今只分布于印度西北的盐渍化沙漠地带；土库曼野驴（Der Kulan），主要栖息于土库曼—阿富汗的高地草原；伊朗的波斯野驴（Der Onager）；戈壁沙漠的蒙古野驴（Der Dschiggetai）以及已灭绝的叙利亚骞驴（Der Syrische Halbesel）。最近被列为独立亚种的西藏野驴（Der Kiang）主要生活在青藏高原及其边境地带。亚洲野驴濒临灭绝。人们预测，在濒危动物红色名单上的动物数目将在未来 10 年到 21 年内下降 50% 以上。易受惊的亚洲野驴是否已被驯养的问题长久以来存在意见分歧；一些科学家认为，美索不达米亚地区的记录足以证明波斯野驴被人类驯养过的事实。如今这一观点已被驳倒，亚洲野驴被确认为未被人类驯养。

叙利亚骞驴

学　名：*Equus hemionus hemippus* †

德文名：Syrischer Halbesel

英文名：Syrian wild ass

叙利亚骞驴属于亚洲野驴已经灭绝的一个亚种。它栖息于叙利亚、巴勒斯坦以及伊拉克地区，其踪迹早在19世纪就已经十分罕见了；最后一群野生叙利亚骞驴于20世纪20年代曾被人看见过。1928年，在维也纳美泉宫的小型动物园中还有一头雄驴。东方学家和亚洲旅行者阿洛伊斯·穆齐尔［Alois Musil，罗伯特·穆齐尔（Robert Musil）的远房堂亲］于1927年写道，自从贝都因人习惯使用火器以来，叙利亚驴的踪迹就越发罕见了。穆齐尔认为，带有传奇色彩的斯莱布（Sleyb）、斯勒布（Sleb）或索卢巴（Solubba）部落[1]将他们的驮驴与最后的野驴进行杂交。叙利亚骞驴只有97厘米到100厘米高，并因此被视为马属动物中体积最小的亚种。美国生物学家弗兰西斯·哈珀（Francis Harper）在其《旧世界灭绝和正在消失的哺乳动物》一书中将叙利亚骞驴的毛皮色描写成"avellaneous"，即榛子色；并且随着年龄的增长，其毛皮颜色变为鼠灰色。头顶、髋部、臀部及腹部的毛发颜色更浅；耳尖由最初的深棕色几乎褪为白色。古代的历史编纂者就已提到过这一带的野驴。作家兼将军色诺芬（Xenophon）在其《远征记》（*Anabasis*）中就曾记载，人们在幼发拉底河附近见过大量的野驴和鸵鸟一起出现。

1　阿拉伯半岛北部的一支游牧部落。——译者注

普瓦图驴

学　名：*Equus asinus asinus*

德文名：Poitou-Esel

英文名：Poitou donkey/ass

法文名：Baudet du Poitou

普瓦图驴不仅是最能吸引人眼球的，而且在欧洲巨驴中是最负盛名的物种。其主要特征为：巨大的脑袋，棕红色雷鬼辫似的长毛。尤其从个头上来讲，来自法国西部的普瓦图驴区别于其他物种：发育完全的普瓦图驴常常能高出其主人一个头，就连幼驴的个头也比站在旁边吃草的成年家驴大出很多。雄驴高达 140 厘米至 150 厘米，雌驴则介于 135 厘米至 145 厘米之间。1884 年起，普瓦图驴这一物种就出现在种畜登记簿上，其踪迹可追溯到中世纪。就连作家和驴专家乌尔弗·G. 施图贝尔格（Ulf G. Stuberger）自己也在法国养驴，并在其众多书籍中讲解了法国农业部和饲养员协会监督之下严格的养驴模式。同时，他还提到，在 20 世纪 70 年代末，就有人发起了一个拯救濒临灭绝的普瓦图驴项目，这是一次生物和计算意义上有趣的行动：人们从一代由纯种雄性普瓦图驴和葡萄牙雌性巨驴繁殖出混血普瓦图幼驴开始，之后，又用 50% 纯的雌性混血驴和外来血亲的纯种普瓦图雄驴完成了交配，最终达到 75% 的纯种比例，诸如此类地尝试下去，第四代则达到了 93.75% 的纯种标准。

加泰罗尼亚驴

学　名：*Equus asinus asinus*

德文名：Katalanen-Esel

英文名：Catalan donkey/ass

法文名：Ruc català, burro catalán

人们经常把印有红黄条纹，并带有独立国家色彩的加泰罗尼亚驴贴在车牌右侧：它被许多加泰罗尼亚人赋予象征意义，以区别于西班牙人眼中最具象征性的奥斯本公牛。把巨驴（指加泰罗尼亚驴）作为象征，其目的在于反对国家的集中公牛化行为，人们还发起了一个主张“加泰罗尼亚公牛”的倡议。除了政治之外还有什么原因？虽然加泰罗尼亚驴很受大众欢迎，但是像其他巨驴一样也遭遇到灭绝的危机。加泰罗尼亚驴是最大的驴种之一，高约 140 厘米，深棕色至黑色毛皮，腹部和口部呈白色，眼周为白色，人们也曾将其与别的品种杂交实现物种优化。另外，加泰罗尼亚人用健壮的驴繁殖出骡已有几百年的历史。最初由于 20 世纪后半叶的农业工业化进程，驴和骡这种重体力劳动力曾一度失业；尽管它们大受欢迎但却改变不了其数目骤降的事实。20 世纪 70 年代末驯养机构加泰罗尼亚驴种推广协会（Asociaciòn para el fomento de la raza asinina catalana）成立，自从那时起，该机构便试图重新提高加泰罗尼亚驴的数量。1995 年，据协会报告有 98 头加泰罗尼亚驴存活，2000 年已达到 206 头，2012 年 12 月家驴数目增加到 795 头。与此同时，饲养员的数目也在同比增长：从 16 人到 33 人再上升到 129 人。这些数据带给人们新的希望。

普罗旺斯驴

学　名：*Equus asinus asinus*

德文名：Provence-Esel

英文名：Provence donkey

法文名：Ane de Provence

普罗旺斯驴长着浅灰色毛皮，脊柱上有着明显的纹路，看起来十分安静、拘谨，它近乎画册中的驴形象。据饲养员协会（普罗旺斯驴协会）的描述，其毛皮大多呈现“泛玫瑰色的鸽子灰色”。毛皮的颜色由浅入深，不过只是不同色度的灰色而已，其他所有颜色人工培育不出来。其四肢上长有似斑马纹的横向纹路。雄驴标准身高介于 120 厘米到 135 厘米之间，雌驴则有 117 厘米到 130 厘米；人们看重其强壮有力、笔直挺立的脊背以及较普通驴相比宽而平的蹄子，这些使得普罗旺斯驴注定担负运输重物和长途跋涉两大天职。近 500 年之久这只画册之驴一直履行着其画册职责：放羊，并且帮助牧羊人运输装备和食物。19 世纪末在普罗旺斯罗讷河口省、瓦尔省、沃克吕兹省以及上普罗旺斯—阿尔卑斯省尚有 13000 头普罗旺斯驴存活；而到了 1956 年其数目下降为 2000 头，1993 年居然减少到 330 头。为此，热心的养驴者在 20 世纪 90 年代向该区的国立养马场于泽斯种马场（Haras d’Uzès）求助，并确立标准，以使普罗旺斯驴被正式列为一个驴品种。1995 年，普罗旺斯驴终于拥有了自己的种畜登记簿，并被承认为一个品种。

马丁纳弗兰卡驴

学　名：*Equus asinus asinus*

德文名：Martina-Franca-Esel

英文名：Martina Franca donkey

法文名：Asino di Martina Franca

意大利城市马丁纳弗兰卡坐落在塔兰托省，位于亚平宁半岛靴子头部位[1]特鲁利圆形尖顶石屋地区的中心地带。在那里的穆尔贾（Murgia）高原上栖息着叫作穆尔贾种（Murgese）的马属品种，也就是更少为人知的马丁纳弗兰卡驴。它有着深棕至黑色的毛皮，长耳朵，雄驴最低身高为135厘米，雌驴最低身高为127厘米。据饲养员协会ANAMF介绍，“它们相当活泼”。对于马丁纳弗兰卡驴的来历人们并不知晓。据说它有可能起源于15世纪西班牙殖民者统治时期引进的加泰罗尼亚驴。协会坚持认为，在该区域内早就有特征明显的黑毛驴这一成熟驴种，征服者想将其与当地的驴进行杂交以改良品种，但最终未能如愿。就像喂养其他巨驴种类一样，人们饲养马丁纳弗兰卡驴，目的在于让其分担人类繁重的农活并且能够生育骡子；很长一段时间内意大利军队是它们的一大买主，他们把驴和骡投入重物运输工作中。第一次世界大战结束后，喂养马丁纳弗兰卡驴的现象减少了；1925年起，福贾国立养马研究所开始寻找尚存的可饲养的马丁纳弗兰卡雄驴，尚存的三头名字分别叫科洛塞（Colosseo）、马可（Marco）和贝洛（Bello）的雄驴成为马丁纳弗兰卡驴的三大祖先，如今所有的血亲驴都由它们繁衍而来。

1　意大利版图形似靴子。——译者注

美国巨驴

学　名：*Equus asinus asinus*

德文名：American Mammoth Jackstock

英文名：American Mammoth Jackstock

法文名：American Mammoth Jackstock

“饲养美国巨驴堪称世界上最大一桩养驴行动”，美国巨驴饲养员协会[1]（American Mammoth Jackstock Registry，成立于 1888 年）自吹自擂道，其历史也由于其他原因富有启发性。也就是说，人们很少能如此密切地关注美国熔炉思想得以在人种以外的其他物种上获得延续。美国饲养巨驴的历史起始于从欧洲进口家驴，特别是加泰罗尼亚巨驴，另外还引进法国和墨西哥驴，再加上美国本地驴。类似于美国人类史的开创，甚至还有一个驴业创办仪式，它甚至早于 1888 年机构化的大规模饲养行为：1785 年，第一届总统乔治·华盛顿（George Washington）作为国家最负盛名的养驴和养骡人接受了西班牙国王馈赠的安达卢西亚雄驴；“这一事件，”AMJR 写道，“革新了美国巨驴的饲养历史。”直到今天巨驴的颜色同样纷杂：浅色、深色和皮上带有斑点；雄驴，被称为 Jacks，其身高必须至少达到 58 英寸（147 厘米），雌驴至少 56 英寸（142 厘米）。美国巨驴需要达到身高体重、健康和审美方面的诸多指标，然而它并没有自己的种畜登记簿。就如欧洲驴饲养人士所批评的那样，由于这个原因美国巨驴不能称为一个真正意义上的品种。

1　下文中缩写为 AMJR。——译者注

阿西纳拉驴

学　名：*Equus asinus asinus*

德文名：Asinara-Esel

英文名：Asinara donkey/ass

法文名：Asino dell'Asinara, asinello bianco

阿西纳拉岛位于撒丁岛西北端，上百年来，它曾一度作为意大利囚禁犯人的岛屿。为了使监狱看守人员和犯人留在岛上居住，1885 年最后一批阿西纳拉居民迁居到对面半岛上生活。20 世纪 90 年代末人们拆掉看守森严的监狱，并宣布阿西纳拉岛为国家公园。其实早在囚犯抵达之前就有白驴（指阿西纳拉驴）登陆阿西纳拉岛了。传说阿西纳拉驴在一次船难中幸存下来：据说在从埃及驶往法国的途中它们从一艘倾覆的船上逃出，来到阿西纳拉岛。历史上更为可信的版本是，18 世纪后半叶摩尔斯侯爵（Marchese di Mores）从埃及引进了白驴，在岛上作为驮载牲口使用。阿西纳拉驴长着白色的毛发，有着粉红色的皮和蓝色眼睛，它们不是一个独立的驴种，而被称作家驴，由于长居岛屿的缘故，某些固定特征就被遗传下来了。意大利饲养员协会 AIA 认定阿西纳拉驴具有“白化病的部分特征”，其他出处的说法是白变病（白变病完全缺少产生皮肤色素的细胞；而白化病只是不产生黑色素）。阿西纳拉驴身高约 100 厘米，体积很小，因此在意大利语中人们也称其为小阿西纳拉驴。如今它们濒临灭绝，在岛上只生活着大约 90 头阿西纳拉驴。

骡

学　名：*Equus asinus* × *Equus caballus*

德文名：Maultier　英文名：Mule

驴骡

学　名：*Equus caballus* × *Equus asinus*

德文名：Maulesel　英文名：Hinny

骡和驴骡是由马和驴交配而成。骡的父本为雄驴，母本则为雌马；而驴骡的父本是雄马，母本为雌驴。两个学名都来源于拉丁文的“Mulus”，杂交物种，跟 Muli 的表述一样。骡的分布较驴骡更为广泛，因为使雄驴与雌马交配更简单一些。其大小和毛皮颜色差异显著，这取决于其被饲养的亲本双方。通常，骡和驴骡不具备生殖能力，然而只有在很少的情况下，雌骡或者雌性驴骡可以孕育后代。由马和驴杂交而成的骡和驴骡继承了亲本的优良基因：强壮、结实并且易于满足，也不轻易陷入恐慌之中。“物种杂交的案例早在古老的东方和远古时代就被社会完全认可接受了”，马科专家约翰内斯·A. 弗拉德（Johannes A. Flade）这样写道。尤其是在法国和西班牙，人们曾将种驴和雌马进行杂交。通过这种方式繁殖出来的骡被运用于农业生产、军队和运输业中。1976 年贝恩哈德·格里奇梅克（Bernhard Grzimek）歌颂了当时早已被人淡忘的骡：“事实上，西班牙人应该把征服南美洲和如今的美利坚合众国南部地区很大程度上归功于像山一样坚不可摧的骡。”美国人同样曾利用了骡。乔治·华盛顿不仅是驴的饲养者，而且也是骡的喂养人。

斑马驴

学　名：*Equus zebra* × *Equus asinus*

德文名：Zebresel　英文名：Zonkey

驴斑马

学　名：*Equus asinus* × *Equus zebra*

德文名：Ebra　英文名：Donkra

斑马驴是斑马和驴杂交而成的物种，就像斑马和马杂交一样，属于斑马类动物。斑马驴的父本是斑马，母本是驴。在相反的和更为罕见的情况下，父本是驴，母本是斑马的杂交物种称为驴斑马。母本出现在复合词学名的第二部分，就像驴骡的学名构成一样。在大自然中斑马驴（也称为 Zesel）和驴斑马的出现只是极个别的现象。出于科学目的或者商业上对于稀奇古怪杂交物的兴趣，人们培育出它们来，在马戏团或动物园里展览。和骡、驴骡一样，斑马驴和驴斑马都没有生殖能力；它们的身高取决于斑马身高（110 厘米到 160 厘米）和参与交配的驴的身高。斑马类动物的四肢长有条纹，有时全身布满纹路，毛皮底色常常为棕色或者灰色。布满纹路的四肢，“横条纹”和周身的条纹激发了查尔斯·达尔文的浓厚兴趣。关于斑马和驴的杂交体，这位进化论者写道：“在我所看到的 4 幅驴和斑马杂交体的彩绘图片上，我发现它们腿上的条纹比身体其余部位的条纹要清晰得多。”达尔文推测马科和它们的杂交体拥有一位“共同的祖先”，一种上千代以前的动物，或许它身上的条纹就像斑马一样。

参考文献

原始资料

Apuleius:
Der goldene Esel（阿普列乌斯 :《金驴记》），Berlin 2012.
Die Bibel. Einheitsübersetzung.Altes und Neues Testament
(《圣经》——《旧约》和《新约》统一译本)，Freiburg u.a.1980.

Alfred Brehm:
Illustrierten Thierlebens. Eine allgemeine Kunde des Thierreich. Zweiter Band. Erste Abtheilung: Die Säugethiere. Zweite hälfte: Beutelthiere und Nager. Zahnarme, Huftthiere und Seesäugethiere
（阿尔弗雷德·布雷姆 :《动物生活画刊—普通动物王国知识（第二卷）》），Hildburghausen 1865.

Giordano Bruno:
Die Kabbala des Pegasus
（乔尔丹诺·布鲁诺 :《飞马的秘密》，Kai Neubauer 译本），
Hamburg 2000.

Georges-Louis Leclerc de Buffon:
Naturgeschichte der vierfüßigen Thiere
（布丰 :《自然史》第一卷第二版），
Berlin 1781.

Carl Gastav Carus:
Symbolik der menschlichen Gestalt. Ein Handbuch zur Menschenkenntnis
（卡尔·古斯塔夫·卡鲁斯 :《人类外表的象征意义——知人之明手册》），Celle 1925.

Nick Cave:
Und die Eselin sah den Engel
（尼克·凯夫 :《驴子看见天使》，长篇小说，Werner Schmitz 译本），
Zürich 1993.

Miguel de Cervantes Saavedra:
Don Quijote von der Mancha
（塞万提斯 :《堂吉诃德》，Susanne Lange 译本），München 2011.

Conrad Gesner:
Thierbuch
（康拉德·格斯纳 :《动物志》），
Heidelberg 1606.

Michael Herr:
Das neue Tier- und Arzneibuch
（A.D.1546）[米夏埃尔·赫尔 :
《新动物与医药志》（1546）]，

Würzburg 1994.

Johann Casper Lavater:
*Physiognomische Fragmente zur Beförderung der Menschenkenntniß und Menschenliebe.*4 Bde
约翰·卡斯帕·拉瓦特尔:《致力于提升知人之明与博爱的相面术断简残编》(4 卷, 1775—1778)], Zürich und Leipzig 1968/1969 年再版.

Hans Limmer,Lennart Osbeck:
Mein Esel Benjamin
(汉斯·利默 / 伦纳特·奥斯贝克:《我的驴子本亚明》), Aarau 1968.

Niccol ò Machiavelli:
L'Asino.Der Esel, 1517
[马基雅维利:《驴》(1517), Karl Mittermaier 译本], Würzburg 2001.

Giambattista della Porta:
De humana physiognomonia
(吉安巴蒂斯塔·德拉·波尔塔:《论人相》), Vici Aequensis 1586.

Sophus Schack:
Physiognomische Studien
(索弗斯·沙克:《相面术研究》, Eugen Liebich 译本), Jena 1881.

William Shakespeare:
Ein Sommernachtstraum
(莎士比亚:《仲夏夜之梦》), Stuttgart 1986.

Robert Louis Stevenson:
Reise mit dem Esel durch die Cevennen
(罗伯特·路易斯·史蒂文森:《塞文山驴伴之旅》), Frankfurt/M.u.a.1986.

Johann Heinrich Wilhelm Tischbein:
Eselgeschichte.Oder:
Der Schwachmatikus und seine vier Brüder der Sanguinikus, Cholerikus, Melancholikus und Phlegmatikus nebst zwölf Vorstellungen vom Esel
(约翰·海因里希·威廉·蒂施拜因:《驴故事》), Oldenburg 1987.

Jurgis Baltrušaitis:
Tierphysiognomik
(尤尔基斯·巴尔察塞蒂斯:《动物相面术》), Köln 1984.

Juliet Clutton-Brock:
Horse Power. A History of the Horse and the Donkey in Human Societies
(朱丽叶·克鲁顿—布罗克:《马

的力量——马与驴在人类社会中的历史》), Harvard 1992.

Midas Dekkers:
Geliebtes Tier. Die Geschichte einer innigen Beziehung
(米达斯·德克斯:《可爱的动物——一种密切关系的历史》), München 1994.

Gilles Deleuz/Félix Guattari:
Tausend Plateaus. Kapitalismus und Schizophrenie
(吉尔·德勒兹/费利克斯·加塔利:《千高原——资本主义与精神分裂症》), Berlin 1992.

Gertrud und Helmut Denzau:
Wildesel
(格特鲁德·登曹/赫尔穆特·登曹:《野驴》), Stuttgart 1999.

Jacques Derrida:
Das Tier, das ich also bin
(雅克·德里达:《我所是的动物》), Wien 2010.

Hans von Hentig:
Soziologie der zoophilen Neigung
(汉斯·冯·亨蒂希:《动物恋癖的社会学》), Stuttgart 1962.

Helmut Höge:
Pferde,kleiner Brehm 3
(赫尔穆特·霍格:《马儿》,《小布雷姆》系列第3册), Ostheim 2012.

Christiane Holm:
Text-Bild-Beziehungen in J.H.W.Tischbeins und Hermes'Eselsgeschichte. In: Bild und Schrift in der Romantik
(克里丝蒂安讷·霍尔姆:《J.H. W.蒂施拜因与赫尔梅斯驴故事中文字与图像的关系》, 载《浪漫主义时期的图像与文字》第411—445页), Würzburg 1999.

Wolf Lepenies:
Das Ende der Naturgeschichte. Wandel kultureller Selbstverständlichkeiten in den Wissenschaften des 18.und19. Jahrhunderts
(沃尔夫·莱佩尼斯:《自然史的终结——18、19世纪学术中文化的自我理解的变化》), München u.a.1976.

Nuccio Ordine:
Giordano Bruno und die Philosolie des Esels
（努乔·奥尔迪内：《乔尔丹诺·布鲁诺与驴子的哲学》），München 1999.

Giuseppe Pulina, Francesca Rigotti:
Asini e filosofi
（朱塞佩·普利纳 / 弗兰齐斯卡·里戈蒂：《驴子和哲学家》），Novara 2010.

Jörg Salaquarda:
Zarathustra und der Esel. Eine Untersuchung zur Rolle des Esel im Vierten Teil von Nietzsches. Also sprach Zarathustra. In: Theologia Viatorum 11, 1966/1972.S.181—213.
（约尔格·萨拉夸尔达：《查拉图斯特拉与驴子——关于尼采〈查拉图斯特拉如是说〉第四部分中驴子作用的研究》，载 Theologia Viatorum 11，1966/1972，第 181—213 页。）

Dietmar Schmidt:
Die Physiognomie der Tiere. Von der Poetik der Fauna zur Kenntnis des Menschen
（迪特马尔·施密特：《动物相面术——从动物诗学到人的认识》），München 2011.

Claudia Schmölders:
Das Vorurteil im Leibe. Eine Einführung in die Physiognomik
（克劳迪娅·施默尔德斯：《身体上的成见——相面术入门》），Berlin 1997.

Gregor Stanitzek:
Blödigkeit. Beschreibungen des Individuums im 18. Jahrhundert
（乔治·施塔尼兹克：《羞怯——对 18 世纪里个体的描述》），Tübingen 1989.

Ulf G. Stuberger:
Esel. Haltung und Pflege. Zucht und Rassen
（乌尔弗·G. 施图贝尔格：《驴——饲养与照料、驯养与品种》），Stuttgart 2008.

Martin Vogel:
Onos lyras. Der Esel mit der Leier
（马丁·福格尔：《驴子的里拉琴——背古琴的驴子》），Düsseldorf 1973.

Florian Werner:
Die Kuh. Leben, Werk und Wirkung
（弗洛里安·维尔纳：《母牛——生平、作品与影响》），München 2009.

作者简介：

尤塔·佩尔松（Jutta Person），文学批评家，文化学者。研究德语语言文学、意大利语言文学和哲学，2004年在德国科隆大学获得博士学位。为《南德意志报》、《时代报》、《文学》杂志、《哲学期刊》撰稿，《哲学期刊》编辑。2012年曾任德国图书奖评委。

译者简介：

何涛，首都师范大学外国语学院德语系副教授。

图书在版编目（CIP）数据

驴 /（德）尤塔·佩尔松著；何涛译 . —北京：北京出版社，2024.3
ISBN 978-7-200-13614-2

Ⅰ . ①驴… Ⅱ . ①尤… ②何… Ⅲ . ①驴—普及读物
Ⅳ . ① Q959.843-49

中国版本图书馆 CIP 数据核字（2017）第 310938 号

策 划 人：王忠波　　学术审读：刘　阳
责任编辑：王忠波　邓雪梅　　责任营销：猫　娘
责任印制：陈冬梅　　装帧设计：吉　辰

驴
LÜ
[德] 尤塔·佩尔松　著　何涛　译

出　　版：北京出版集团
　　　　　北 京 出 版 社
地　　址：北京北三环中路 6 号（邮编：100120）
总 发 行：北京出版集团
印　　刷：北京华联印刷有限公司
经　　销：新华书店
开　　本：880 毫米 ×1230 毫米　1/32
印　　张：5.375
字　　数：83 千字
版　　次：2024 年 3 月第 1 版
印　　次：2024 年 3 月第 1 次印刷
书　　号：ISBN 978-7-200-13614-2
定　　价：68.00 元

著作权合同登记号：图字 01-2017-7319

First published in the series Naturkunden, edited by Judith Schalansky for Matthes & Seitz Berlin